I0465222

A mi esposa Bianca, en especial a mis hijos, David y Lilia,

A mis padres Víctor y María Elena.

Primera edición. CopyRight © ® 2015 por Dionisio Álvarez Vilchis. Todos los derechos reservados por autor. ©Editorial El Colegio Mexiquense A.C. Ninguna parte de este libro puede ser reproducida o transmitida de cualquier forma o por cualquier medio electrónico o mecánico, incluyendo fotocopia, grabación o cualquier sistema de almacenamiento; sin permiso escrito por el propietario del copyright. Este libro fue impreso en México.

# Contenido

# La teoría de las Instituciones

En este libro se argumenta el enfoque básico de la investigación, el neoinstitucionalismo, porque se orienta en el estudio sociológico, económico y político de las instituciones. Entendidas donde los diferentes actores sociales desenvuelven sus prácticas para explicar la acción social y tratar de analizar las configuraciones organizacionales simultáneamente con escenarios particulares aislados poniendo énfasis en las coyunturas y procesos de largo plazo, por lo que este enfoque resulta pertinente para el estudio de la Reforma Energética de México en 2012-2014. Ya que las instituciones, como creación humana, son un resultado de acciones intencionales que son realizadas, sobre todo, por individuos racionales orientados instrumentalmente.

Se sostiene que las instituciones energéticas mexicanas limitan y restringen la acción de las organizaciones y empresas privadas y donde se observan patrones que determinan la acción social; por esta razón el papel de las instituciones energéticas cobra importancia para la política y el desarrollo del país. Lo que ocurre con las instituciones energéticas tiene gran capacidad de influir en el entorno y son importantes elementos del contexto estratégico nacional, porque podrían imponer restricciones al comportamiento basado en el interés personal, es decir, definir o restringir las estrategias que los actores políticos adoptan en la lucha por alcanzar sus objetivos y juegan un papel importante en la determinación de la política, lo que lleva analizar a las instuciones con los siguientes enfoques:

| Neoinstitucionalismo | Se plasman a las Instituciones como determinantes del crecimiento económico |
| --- | --- |
| | Se estudia el enfoque seminal de North |
| | Se examinan las : instituciones inclusivas, instituciones extractivas y estructuras de poder con el enfoque de Acemoglou y Robinson |
| | Se plasman a las instituciones en sociedades heterogéneas con la visión de Millán |

## Las instituciones como determinantes del crecimiento económico.

Con el argumento donde se establecen a las instituciones, fundamentales para el crecimiento económico, se plantean cómo las reglas que estructuran el comportamiento humano, mediante incentivos positivos y negativos que sirven para reducir la incertidumbre. Es decir, permiten que los individuos sepan cómo actuar ante eventos repetidos. Las instituciones afectan el crecimiento mediante la estructuración de conductas, proclives a la acumulación del capital, la productividad (eficiencia) e innovación tecnológica; o como generadoras de rentas, que inhiben estos factores, elevando o reduciendo costos de transacción. Estos costos de transacción separan los costos y beneficios privados de los costos y beneficios sociales, con lo cual, la eficiencia del mercado se pierde, por tal razón los teoremas predicen que la libre competencia lleva inevitablemente a óptimos paretianos (sintetizados en la igualdad entres costos y beneficios privados y costos y beneficios sociales), lo que implica una asignación óptima de los recursos y su pleno empleo; sin embargo, la igualdad entre los costos y beneficios privados y sociales se rompe cuando las instituciones son incorporadas y no funcionan adecuadamente.

Las sociedades, sin importar su forma de organización, se enfrentan a cinco problemas económicos básicos. Su resolución y la forma en que ésta se haga es lo que, a final de cuentas, determina el grado de desarrollo que alcance la economía. Estos prolemas son:

Estos cinco problemas a los que toda sociedad busca dar solución, se enfrentan a un restricción que no hay manera de evadir y es que los recursos de que se dispone son escasos, tanto para la economía en su conjunto como para cada agente económico en lo particular. La escasez se traduce en dos fenómenos particulares. Primero, como la sociedad desea utilizar estos recursos para producir *"satisfactores"* estará dispuesta, por lo mismo, a pagar por ellos; si no hubiese escasez, los bienes serían gratuitos es decir, tendrían un precio cero.[1]

El segundo fenómeno derivado de la escasez, es que tanto los individuos como la sociedad tienen que elegir cómo asignar estos recursos para darle satisfacción al mayor número posible de necesidades. Elegir una asignación de los recursos implica que éstos no pueden ser utilizados en otra actividad, de la cual también se hubiese generado un beneficio, de forma tal que cualquier decisión que se tome respecto a la asignación de recursos, implica incurrir en un costo de oportunidad. Así, este costo representa el beneficio que se hubiese obtenido de haber asignado los recursos a la siguiente mejor opción de la cual se escogió. Por lo mismo, la escasez implica que *"nada es gratis"*.

Debido a la escasez, para resolver los cinco problemas económicos mencionados, las sociedades se organizan bajo un espíritu de cooperación que busca aprovechar las ventajas que otorga la especialización de cada agente económico de acuerdo a las ventajas que cada uno de ellos posea, los cuales se derivan de la aptitud natural y del acervo de conocimientos adquiridos mediante un proceso de educación formal y de la experiencia adquirida en el trabajo. Cómo se organice una sociedad, es decir cuál es el marco institucional y cuáles son los mecanismos que se adopten para darle solución a estos problemas, son los elementos determinantes del éxito o fracaso de la organización (Katz, 1999), considerando que el objetivo último es la maximización del bienestar y desarrollo de la sociedad. En términos generales existen tres tipos de organización social y cada uno plantea una solución diferente a los problemas económicos que enfrenta. Estos tres grandes sistemas de organización son:[2]

---

[1] Como se señaló anteriormente, debido a que los recursos son escasos y, por lo mismo, los agentes económicos están dispuestos a pagar un precio por ellos, es que se definen los derechos privados de propiedad sobre los mismos.
[2] Aunque en ninguna sociedad opera con un solo tipo de organización social en su forma pura, conviviendo generalmente los tres tipos, suele predominar uno de ellos, lo cual permite caracterizar a las economías.

En el modelo tradicional de organización social, la propiedad de los medios de producción tiende a ser de carácter comunitario y las decisiones de producción y distribución están definidas de acuerdo a patrones culturales preestablecidos y con relativamente poca variación en el tiempo.[3] En este tipo de sociedades las técnicas de producción, perfeccionadas en un largo proceso de ensayo y error, tienden a ser estáticas y por lo mismo, los productores conocen relativamente bien la productividad de uno de los factores de la producción. Este conocimiento, así como la combinación óptima de los mismos, podría llevar a que la asignación de recursos sea eficiente y alcanzar un elevado empleo de los recursos productivos. Pero la idea de que en las sociedades tradicionales, la asignación de recursos es eficiente, es muy dudosa, en la medida en que el conocimiento de la productividad no es suficiente para señalar que la asignación se rija por la mayor productividad. Ello implica dos cosas que son difíciles de asegurar en ese tipo de comunidad: una es el alto grado de especialización y la otra es la estructura económica diversificada. En estas sociedades, no se persigue la maximización de ganancias, porque son economías consuntivas, en las que las actividades económicas no persiguen el lucro. Se olvida que buena parte de la asignación de los recursos obedece a fines rituales, religiosos y, sobre todo, de supervivencia lo que trae como consecuencia el bajo ahorro.

Sin embargo, a pesar de la eficiencia con que se asignan los recursos, en este tipo de sociedades, orientadas principalmente al consumo, el ahorro generado es apenas suficiente para cubrir la depreciación del capital, por lo que no hay un proceso significativo de inversión neta, con

---

[3] Theodore Schultz, Transforming Traditional Agriculture, 1976, Arno Press, Nueva York, E.U.A.

un estancamiento en el volumen de capital y por trabajador y con tecnologías obsoletas de producción; las economías organizadas bajo un sistema tradicional generalmente no crecen y los niveles de desarrollo económico tienden a ser bajos.

El segundo tipo general de organización social es el sistema conocido como "de mando" o de decisión centralizada. En este tipo de organización, se plantea como objetivo la maximización del bienestar colectivo, aunque ello implique sacrificar el bienestar de cada uno de los individuos que componen la sociedad. Por lo mismo, este sistema de organización se caracteriza por ser el que mayores límites impone a la libertad económica y política de los individuos.[4] En una sociedad organizada bajo el esquema de mando, el gobierno es el propietario de los medios de producción, incluyendo además de la tierra y el capital, a la esclavitud. Al ser el gobierno el propietario de los recursos, es éste quien toma las decisiones en forma centralizada mediante un sistema de planificación que determina qué bienes producir y cómo producir, haciendo caso omiso del costo de oportunidad de los recursos, así como de las preferencias de la población. Sin embargo, tal como señaló el mismo Von Mises:

> *"La paradoja de la planeación estriba en que no puede planear, debido a que en ella no cálculo económico. Lo que se designa con el nombre de economía planificada no es tal economía. Es simplemente un sistema para tantear en la obscuridad"*[5]

Por otra parte, debido a que en una economía que se caracteriza por la decisión centralizada en la asignación de recursos, el bienestar individual tiene un importancia menor y está subordinado al *"bienestar colectivo"*, aunque éste nunca se alcance, la producción de bienes se orienta en gran medida hacia la acumulación de bienes de capital, por lo que la producción de bienes de consumo se sacrifica. Sin embargo, a pesar de este significativo proceso de acumulación de capital, las economías centralmente planificadas experimentan bajas tasas de crecimiento económico, debido a la ineficiente asignación de recursos que el centralismo conlleva y a que opera con un sistema de precios extremadamente rígido, determinado por decisiones burocráticas más vinculadas al cálculo de planear volúmenes físicos de producción, que a su valor económico; además, las tecnologías de

---

[4] Ludwig Von Mises, El socialismo, 1961, Editorial Hermes, México
[5] Ludwig Von Mises, El socialismo, 1961, Editorial Hermes, México, p. 124.

producción tienden a ser obsoletas, aunque no en el mismo grado que se registra en los sistemas tradicionales de organización social. Adicionalmente, las "empresas" que operan en un sistema de decisión centralizada experimentan desperdicio de recursos debido a la existencia del problema del agente-principal (Katz, 1999) que implica un conflicto de intereses entre el accionista, en este caso el gobierno mismo, y el administrador que es nombrado por el propietario. Por último, aunque este sistema pregona la igualdad de resultados, es propio de las sociedades comunistas, pero no de la socialistas, en la que prevalece el principio de a cada quien según su productividad (su contribución). Aunque, como señaló Marx en el programa de Gotha, aún este caso, el principio no puede ser cumplido cabalmente, en virtud de que es necesario apartar una porción de la productividad para la acumulación de capital. Que en teoría se podría equiparar con una distribución equitativa del ingreso, la existencia de la decisión centralizada en cómo contribuir el ingreso generado, hace éste sea uno de privilegios para una minoría.

El último tipo de organización social es la que se sustenta en el funcionamiento de los mercados. En éste, el espíritu es la maximización del bienestar individual y es a través de este proceso que se logra maximizar el bienestar social.[6] En el sistema de mercado la propiedad de los medios de producción es privada y son los propios agentes económicos quienes toman la decisión de cómo asignar los recursos, ya sean el capital físico, la tierra o el propio capital humano, con una menor participación del gobierno en la economía aunque, como se señalará más adelante, el gobierno tiene un importante papel que jugar en este tipo de economía, principalmente en lo que se refiere a la provisión de bienes públicos, entre los que destacan un adecuado marco legal que rija las relaciones de comportamiento de la sociedad. En una economía que se desenvuelve en un contexto de mercados que funcionan eficientemente, la manera en que se asignan los recursos es la forma más eficiente para que cada uno de los agentes económicos en lo individual y la sociedad en su conjunto, maximicen su bienestar. En una economía de mercado, los agentes económicos deciden por sí mismos cómo utilizar los recursos de los que son propietarios, buscando maximizar el rendimiento derivado de su utilización. Este proceso de decisión individual, que en apariencia es egoísta, resulta en decisiones que mejoran a la comunidad en su conjunto.[7] Aprovechar las

---

[6] Para que esta afirmación sea válida, es necesario que no existan fallas de mercado. Si estas fallas se presentan es cuando justifican la intervención del gobierno para corregirlas y así maximizar el bienestar social.
[7] Isaac M. Katz, La constitución y el desarrollo económico de México, 1999, Ediciones Cal y Arena, México, México, p. 47.

ventajas comparativas que cada agente económico tiene, es lo que permite maximizar el bienestar colectivo mediante el mercado.

En el sistema de libre mercado el precio de los bienes es acordado por el consentimiento entre los vendedores y los consumidores, mediante las leyes de la oferta y la demanda. Requiere para su implementación de la existencia de la libre competencia, lo que a su vez necesita que, entre los participantes de una transacción comercial, no haya coerción, ni fraude y que todas las transacciones sean voluntarias.

El libre mercado teórico funciona de acuerdo al postulado de la oferta y demanda, lo que lleva los precios de mercado hacia un equilibrio económico que balancea las demandas de los productos contra las ofertas de los productores.48 A estos precios de equilibrio, el mercado distribuiría los productos a los compradores de acuerdo a la utilidad que cada comprador otorgue a cada producto, dentro del límites del poder de compra. Los componentes necesarios para el funcionamiento de un libre mercado ideal incluyen:

- Un mercado en competencia perfecta, con acceso general e igual a información.
- Tanto la demanda como la oferta son variables independientes entre sí.
- La oferta es constreñida solo por la existencia (cantidad) de recursos económicos.

Lo anterior se interpreta, a nivel de economía política, como la ausencia completa de presiones artificiales sobre el precio, tales como impuestos, subsidios, tarifas, y otros fenómenos producto de regulaciones gubernamentales "innecesarias", tales como la existencia de patentes y monopolios gubernamentales; junto a la no existencia más general de monopolios, oligopolios y otros fallos del mercado. Un mercado libre los precios de los bienes y servicios son reales pues son creados por las acciones de muchas personas que actúan de manera espontánea. Nadie los ha fijado, sino que son el resultado de acuerdos entre personas[8].

Es la interacción conjunta de la demanda y de la oferta lo que determina los precios. Es la competencia lo que forma los precios y por esto, la libre interacción de las personas en el mercado

---

[8] Mises, Ludwig von (1949): "Human Action: A Treatise on Economics" 4.XIV.20

forma los precios y esos precios son valiosas señales de información que guían las inversiones y, de esta manera, se optimiza el uso de los recursos lo que lleva a mayores niveles de bienestar. De este modo el óptimo de Pareto muestra que, dada una asignación inicial de bienes entre un conjunto de individuos; un cambio hacia una nueva asignación que al menos mejora la situación de un individuo sin hacer que empeore la situación de los demás. Aunque, el óptimo de Pareto, marca un número infinito de optimos paretianos con diferentes distribución del ingreso no necesariamente da por resultado una distribución socialmente deseable de los recursos. No se pronuncia sobre la igualdad, o sobre el bienestar del conjunto de la sociedad, lo que ha llevado que se cuestionen las fallas del mercado[9]:

a. Bienes públicos

b. Externalidades

c. Mercados incompletos

d. Monopolios

e. Desempleo e inflación.

A estas críticas, que abogan por la intervención estatal, se ha sumado la crítica neoinstitucionalista: las instituciones determinan costos de transacción que separan costos sociales de costos privados, por un lado, y beneficios sociales de beneficios privados, cuya igualdad era el síntoma de la eficiencia paretiana, donde la teoría de las instituciones señala que la eficiencia en la asignación de recursos depende, primordialmente, que el arreglo institucional en el cual se desenvuelve una economía defina con precisión los derechos de propiedad de los recursos utilizados en los procesos productivos y en las acciones de intercambio en los diferentes mercados. A pesar del potencial que tienen los países subdesarrollados para llegar al crecimiento sostenido, tienen economías que experimentan, en promedio, un estancamiento con distribución de la riqueza y del ingreso inequitativas con un gran porcentaje de individuos en condición de pobreza extrema, con un ingreso que no les permite satisfacer las necesidades mínimas de alimentación, educación, salud y vivienda, donde la mayor parte de la población no solamente ha experimentado una

---

[9] Joseph E. Stiglitz, La economía del sector público, 2000, Novoprint, Barcelona, España.

reducción de sus niveles de vida y de bienestar sino, peor aún, percibe que el bienestar de las generaciones futuras no va a ser significativamente diferente del suyo.

En los países subdesarrollados se considera que tienen menos libertades económicas, ausencia de un Estado de derecho, con un marco legal defectuoso e ineficiente que no define los derechos privados de propiedad sobre los recursos que la Nación en su conjunto tiene y que cada individuo en lo particular posee, así como sobre los ingresos que se derivan de su utilización, junto con una ausencia de un poder judicial independiente e imparcial que además de proteger estos derechos, garantice el cumplimiento de los contratos entre particulares y entre ellos y el gobierno, ha impedido que se pueda explotar íntegramente el potencial de generación de riqueza e ingreso que la existencia de tales recursos puede producir y se ha constituido como el principal obstáculo que ha inhibido el desarrollo económico de estos países (Katz, 1999).

Demsetz menciona que, los derechos de propiedad, deben garantizar que todo hombre prevea lo que puede esperar, razonablemente, de sus relaciones con los demás. A estas facultades de que disponen los hombres las establecen o definen la sociedad por medio de la violencia, de la negociación, de las leyes, de las costumbres o de cualquier otro sistema de asignación de derechos. La especificación de estos derechos de apropiación es lo que hace posible que se realice el intercambio, que se especialice el sistema productivo y, sobre todo, que cada agente conozca cuál es el sistema establecido para la satisfacción de las necesidades. El paradigma predominante para la comprensión de la actividad económica en el mundo contemporáneo se encuentra en la escasez, de ésta idea, nace el propio concepto de derechos de propiedad. Para ello se requieren supuestos que permitan establecer que los individuos son capaces de juzgar su propio bienestar o, dicho de otra forma, que el objetivo de los individuos es la maximización de su propio beneficio o utilidad.

Para afrontar el análisis de las situaciones que afectan a colectivos o agregados se utiliza, el criterio de Pareto que establece un movimiento de una situación a otra, que constituye una mejora del bienestar social si al menos mejora la situación de un individuo sin reducir el nivel de bienestar de los demás. Pero para que pueda ser alcanzado este óptimo es necesario, no sólo que el comportamiento de los individuos sea maximizador y racional, sino que debe existir, además, una combinación de intercambio entre dos bienes que proporcionen idéntica satisfacción y, sobre todo, debe darse el nivel o límite donde exista igualdad entre su beneficio y su coste marginal. Estas condiciones sólo se dan en el mercado de competencia perfecta. Este mercado opera autónomamente y propicia las combinaciones de intercambio que dan lugar al óptimo paretiano. Una condición imprescindible para que pueda ser alcanzado este óptimo es que los costes sociales que se derivan de todas y cada una de las actividades que se realizan en el mercado sean iguales a los beneficios sociales.

Es por esto que, cuando los individuos enfrentan un marco legal claro que garantiza los derechos de propiedad sobre los recursos que poseen y sobre los ingresos que obtienen de ellos, al utilizarlos en los procesos de producción de bienes y servicios que reflejen las ventajas que poseen tales recursos y a sus propias preferencias, se crean los incentivos para asignarlos hacia actividades en las cuales el rendimiento esperado es el máximo posible. El gobierno actuando como agente responsable de llevar a cabo las decisiones del Estado, debe diseñar lo política económica, dentro de un marco más amplio de política pública. Esto permitirá que los diferentes agentes económicos actúen de manera independiente, pero cooperando a través de la organización social definida por el marco institucional prevaleciente, haciendo posible que el bienestar presente y futuro de la sociedad se maximice. En los países en vías de desarrollo las deficiencias de carácter institucional pueden constituirse como una barrera significativa al proceso de desarrollo económico. Las instituciones económicas, que comprenden al marco legal y las organizaciones económicas, formales e informales, juegan un papel muy importante.

Uno de los principales objetivos del marco legal, entendido como las reglas formales bajo las cuales interactúan los individuos y las organizaciones, es definir los derechos de propiedad sobre los recursos que cada uno de los agentes económicos posea y que permite a los agentes económicos apropiarse del flujo neto de los ingresos que se deriva de la utilización de estos recursos, ya sean físicos o humanos. También es necesario determinar las condiciones de entrada y el nivel de competencia que existen en cada mercado para contribuir a la creación de nuevos mercados. Estas relaciones especifican las normas de comportamiento respecto a los bienes que cada agente económico debe observar en su interacción con los otros agentes económicos que componen la sociedad. Es importante señalar que el término "bien" se utiliza para definir cualquier cosa material o inmaterial que brinda satisfacción o utilidad en el caso de consumidores, o ingreso en el caso de los poseedores de un recurso productivo, ya sea éste capital físico, tierra o capital humano. En este contexto, el concepto de derechos de propiedad se aplica a todos los bienes escasos y que por lo tanto tienen precio positivo.[10]

En una economía en la cual los derechos de propiedad están bien definidos y garantizados por el poder judicial, los propietarios de estos recursos tendrán el incentivo para asignar los mismos a aquellas actividades en las cuales esperan obtener el mayor rendimiento posible que se derive de su utilización. En este sentido, los individuos buscarán aprovechar las ventajas comparativas que poseen, es decir, tomarán en consideración, al decidir cómo asignar los recursos, el costo de oportunidad que representa no haberlos utilizado en la siguiente mejor alternativa. Al tener el incentivo para asignar los recursos hacia aquellas actividades en las cuales el ingreso que se deriva de su utilización es el máximo posible, no solamente se maximiza el ingreso de propietario de cada recurso, sino también el ingreso de la sociedad.

En la definición de instituciones y el diseño de un marco legal eficiente del sector petrolero, el lugar más importante le corresponde a la Reforma Energética del 2013 la cual, además de establecer la estructura y las reglas generales de operación del Estado, define los derechos privados de propiedad, así como los mecanismos legales para protegerlos. Para ello se requiere que la Reforma Energética, sea un conjunto de preceptos generales, básicos y permanentes que definan el contrato social y normen las relaciones entre los diversos agentes privados y las de éstos con el gobierno. Es decir las relaciones entre el gobierno y los agentes privados, lo que da origen a la Reforma; cuerpo legal que limita el poder coercitivo del gobierno, definiendo su ámbito de acción. Además, un límite a este poder coercitivo también se alcanza a través de la división de poderes en tres órdenes de gobierno de igual jerarquía:

- Poder ejecutivo
- Poder legislativo
- Poder judicial

Un elemento esencial en lo que al marco institucional se refiere, además de la definición misma de los derechos de propiedad es la protección judicial. En un verdadero Estado de Derecho,

---

[10] Eirik G. Furuboth y Svetozar Pejovich, The Economics of Property rights, Ballinger Publishing Company, Nueva York, E.U.A., 1988

además de la existencia de una clara y precisa división de los poderes ejecutivo, legislativo y judicial, las garantías individuales, así como los derechos de propiedad sobre los recursos y los ingresos derivados de su utilización están definidos legalmente con precisión; además, existe un poder judicial independiente que vela por la protección de esos derechos, de forma tal que si estos derechos son violados por alguno de los Poderes de la Unión, el agraviado siempre tendrá el recurso de acudir a un tribunal independiente en la defensa de esos derechos y obtener un amparo en contra de la acción del gobierno.

De esta manera, en un Estado de Derecho, los derechos individuales y de propiedad están definidos legalmente, mientras que la procuración y la administración de justicia son imparciales y eficientes y garantizan el cumplimiento de los contratos, tanto entre particulares como entre éstos y el gobierno. Al respecto, North señaló que:

*"... la inhabilidad de las sociedades para desarrollar un sistema eficiente y de bajo costo para garantizar el cumplimiento de los contratos es la fuente más importante, tanto del estancamiento que históricamente ha afectado a los países de Tercer Mundo, como del actual subdesarrollo de estos países."*[11]

En este sentido, es papel del gobierno dotar a la sociedad de un conjunto de leyes y reglamentos que induzcan la existencia de mercados competitivos, tanto de bienes y servicios, como de los factores de producción y que garanticen la igualdad de oportunidades de acceso a estos mercados, de forma tal que los problemas económicos a los que se enfrenta cualquier sociedad puedan dar resultados de la manera más eficiente y efectiva posible. Sin embargo, cabe señalar que los derechos de propiedad pueden estar bien definidos e, incluso bien protegidos por los contratos, pero mal estructurados, como es el caso de los monopolios. En este caso la estructura de los derechos de propiedad puede conducir a una mala asignación de los recursos y a actitudes rentistas, que no favorecen la acumulación de capital, la productividad y la innovación tecnológica. En este sentido se plantea, en el siguiente esquema, las relaciones de las instituciones con el crecimiento económico:

---

[11] Douglas North, Institutions, Institutional Change and Economic Performance, 1990, Cambridge University Press, Cambridge, E.U.A, pp. 92-93.

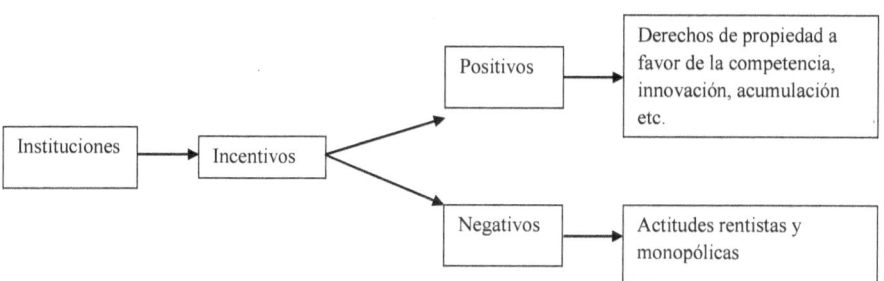

## El enfoque seminal de North.

La teoría neoclásica no permite entender cómo los mercados y economías evolucionan en el tiempo, ya que supone que no hay fricciones, es estática y no considera la intencionalidad humana; en cambio en la teoría evolucionista (inspirada en Darwin) considera explícitamente el tiempo. Pero en la biología los cambios ocurren a través de la mutación y la recombinación sexual, sin influencia de las creencias, sin embargo en la economía, es la intencionalidad de los jugadores, expresada a través de las instituciones que ellos crean, la que configura el desempeño. La teoría de juegos evolucionista, donde las fuerzas motrices son el aprendizaje y la imitación, puede ser una herramienta útil para el análisis debido a que el aprendizaje es un proceso incremental filtrado por la cultura de una sociedad. Es una función de la forma en que un sistema de creencias filtra la información derivada de las experiencias de individuos y sociedades en diferentes momentos lo que muestra que el desarrollo económico será exitoso cuando el sistema de creencias haya creado una estructura artefactual que pueda enfrentar las nuevas experiencias y resolver positivamente los nuevos dilemas con la eficiencia adaptativa. En consecuencia el intercambio personal restringe la gama de actividad económica al clientelismo y la repetición de la interacción cara-a-cara, este intercambio impersonal supone la existencia de instituciones políticas, sociales y económicas que "violan" las predisposiciones genéticas innatas, que evolucionaron en los varios millones de años de cazadores/recolectores con tres fuentes del aprendizaje:

- La genética

- La herencia cultural
- Las experiencias

En este sentido, la estructura institucional es crítica para determinar el grado de integración y disponibilidad del conocimiento para resolver problemas en economías cada vez más complejas, el aprendizaje colectivo consiste en la acumulación intergeneracional de conocimientos, herramientas, actitudes, valores e instituciones, que evolucionan por eliminación selectiva de conductas menos adecuadas, en un proceso de prueba y error (Hayek, 1987). El crecimiento del stock de conocimiento incorporado en una cultura está ligado con la especialización y división del trabajo. La división del trabajo produce la división del conocimiento.

Es por ello que la especialización establece las características de los bienes y servicios comprados, ajenos al propio conocimiento especializado, el desarrollo exitoso implica una compleja estructura de instituciones y sistemas de almacenamiento simbólico para integrar el conocimiento disperso de sistemas complejos; en última instancia, el desempeño económico es consecuencia de las reglas vigentes, de cómo se aplican, y de la estructura institucional específica de cada mercado, que determina la estructura de incentivos. El éxito económico de largo plazo de las economías occidentales ha llevado a creer que el crecimiento económico está incorporado en el sistema, en contraste con la experiencia de los diez milenios anteriores donde era episódico. La eficiencia adaptativa que ha caracterizado E.U.A. y Europa occidental requiere un conjunto de instituciones que se adapten rápidamente a los shocks, alteraciones e incertidumbre ubicua que caracteriza cada sociedad en el tiempo. Estas condiciones han sido el producto de la evolución de siglos de cambio institucional. El crecimiento del stock de conocimiento es el determinante fundamental que subyace al máximo bienestar humano. Pero es la compleja interacción entre el stock de conocimiento, las instituciones y los factores demográficos lo que configura el proceso de cambio económico.

Por ello es fundamental definir las instituciones que, como bien plantea D. North, las instituciones son las reglas del juego en una sociedad o, más formalmente, son las limitaciones ideadas por el hombre que dan forma a la interacción humana. El cambio institucional conforma el modo en que las sociedades evolucionan a lo largo del tiempo, por lo cual es la clave para entender el cambio histórico. Ni la economía ni la historia parecen apreciar la función de las instituciones en el desempeño económico porque todavía no ha habido un marco analítico que integre el análisis institucional en la economía política y en la historia económica. El objetivo de la obra de Douglas C. North es proporcionar este marco básico. El autor se interesa por dos tipos de instituciones: las formales y las informales. Se refiere North a los "organismos" diciendo de ellos que incluyen cuerpos políticos (partidos políticos, El Senado etc.), cuerpos económicos (empresas, sindicatos, cooperativas etc.), cuerpos sociales (iglesias, clubes etc.), y órganos educativos (escuelas, universidades etc.) que son grupos de individuos enlazados por alguna identidad común hacia ciertos objetivos. Afirma North que la función principal de las instituciones en la sociedad es reducir la incertidumbre estableciendo una estructura estable (pero no necesariamente eficiente) de la interacción humana, basada en el supuesto fundamental de la escasez y, por consiguiente, de la competencia. La comprensión sobre lo que es la coordinación y la cooperación humana da como resultado un alto costo de negociación en la que se verifican las condiciones donde puede existir la cooperación voluntaria sin la imposición de un Estado coercitivo para crear producciones cooperativas, como se muestra en el siguiente diagrama:

Las instituciones son las reglas del juego en una sociedad o, más formalmente, los constreñimientos u obligaciones creados por los humanos que le dan forma a la interacción humana en este sentido es necesario profundizar en el proceso de crecimiento económico antes de poder mejorar el desempeño, analizar las características de cada sociedad antes de poder cambiarla además de analizar las complejidades del cambio institucional para que ese camino sea efectivo pero la ubicuidad del ocaso económico de las civilizaciones del pasado sugiere que la eficiencia adaptativa tiene límites. La toma de decisiones está configurada por una mezcla compleja de la forma en que evoluciona la conciencia en el contexto de diversas experiencias para entender la condición humana es esencial focalizar en la intencionalidad de los jugadores y para mejorar la perspectiva humana se debe entender el origen de la toma de decisiones, donde las instituciones estructuran los alicientes en el intercambio humano, ya sea político, social o económico. El cambio institucional delinea la forma en la que la sociedad evoluciona en el tiempo y es, a la vez, la clave para entender el cambio histórico. [12]

Las instituciones como parte central del análisis político, económico y social se puede hablar de una existencia contemporánea en las ciencias sociales, llamada "Nuevo institucionalismo", que pretende abordar la historia como un proceso de cambio institucional continuo, en el que se llega a analizar desde la división más elemental del trabajo hasta la constitución de los Estados modernos donde se establecen cuerpos complejos de rutinas de comportamiento o reglas de juego, las cuales surgen para reducir la incertidumbre en la interacción de los entes sociales y que carecen *a priori* de información sobre el posible comportamiento de los otros. La repetición durante periodos prolongados de estas rutinas constituye el mundo de las instituciones, donde plantea Douglas C. North:

> *"Las instituciones son las reglas del juego en una sociedad o, más formalmente, los constreñimientos u obligaciones creadas por los humanos que le dan forma a la interacción humana. En consecuencia, éstas estructuran los alicientes en el intercambio humano, ya sea político, social o económico. El cambio institucional delinea la forma en la que la sociedad evoluciona en el tiempo y es, a la vez, la clave para entender el cambio histórico"[13]*

Las instituciones son centrales porque constituyen la estructura de incentivos de las economías; a diferencia del darwinismo, la clave para entender el cambio evolucionista es la intencionalidad de los jugadores, las percepciones en función de las cuales eligen y deciden, esas percepciones provienen de sus creencias, mezcladas con sus preferencias, los humanos desarrollan construcciones mentales sobre su entorno a través de un proceso de aprendizaje (individual y

---

[12]Douglas North, Institutions, Institutional Change and Economic Performance, 1990, Cambridge Univesity Press, Cambridge, E.U.A. 1990, p.3.

[13] Douglas North, Institutions, Institutional Change and Economic Performance, 1990, Cambridge University Press, Cambridge, E.U.A, p. 3.

colectivo) este aprendizaje acumulativo de una sociedad incluye creencias, mitos y formas de hacer las cosas, que hacen a la cultura, a través de la forma en que la cultura obliga a los jugadores, ella determina el desempeño social a lo largo del tiempo y en consecuencia, el foco de atención está en el aprendizaje: qué se aprende y cómo se comparte entre los miembros de una sociedad, y en el proceso por el cual cambian creencias y preferencias. Parte del andamiaje que los humanos construyen es una consecuencia evolucionista de mutaciones exitosas, y es por tanto una parte de la arquitectura genética de los humanos, no obstante, la inmensa variación que existe en el desempeño de las sociedades deja en claro que el componente cultural es central para explicarlo junto con la tensión entre los andamiajes erigidos por los humanos para entender su entorno y la siempre cambiante "realidad" de ese entorno.

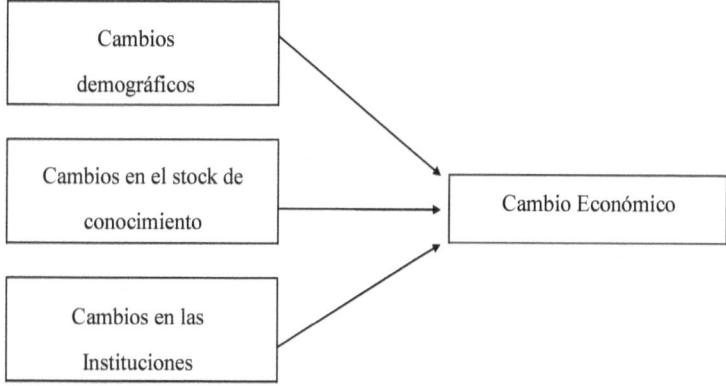

Históricamente el crecimiento de las economías ha ocurrido en el seno del marco institucional de políticas coercitivas bien desarrolladas. Por otra parte, la facultad coercitiva del Estado ha sido empleada a lo largo de gran parte de la historia en formas que han sido enemigas o contrarias al crecimiento económico. En verdad, resulta difícil sostener intercambio complejo si no se cuenta con un tercer elemento que haga cumplir por la fuerza los acuerdos. Únicamente cuando se entienden ciertas modificaciones en la conducta de los actores se pueden encontrar sensatez en la existencia y estructura de las instituciones y explicar la dirección del cambio institucional. Las instituciones existen y reducen las incertidumbres propias de la interacción humana. Estas incertidumbres surgen como consecuencia de la complejidad de los problemas que deben resolverse y de los programas de solución de problemas poseídos por el individuo.

Las instituciones son determinantes del desempeño de las economías siempre y cuando sean instituciones eficientes para proporcionar la estructura básica por medio de la cual la humanidad a lo largo de la historia ha creado orden, y de paso ha procurado reducir la incertidumbre. Junto con la tecnología empleada determinan los costos de transacción y transformación y por consiguiente la utilidad y la viabilidad de participar en la actividad económica. Conectan el pasado con el presente y el futuro, de modo que la historia es principalmente un relato incremental de evolución institucional en el cual el desempeño histórico de las economías sólo puede entenderse como la parte de una historia secuencial. Las instituciones son la clave para entender la interrelación entre la política y la economía y las consecuencias de esa interrelación para el crecimiento económico. Es importante el hecho de que las limitaciones informales derivadas culturalmente no cambiarán de inmediato como reacción a cambios de las reglas formales. Como resultado, la tensión entre reglas formales alteradas y limitaciones informales persistentes produce resultados que tienen consecuencias importantes en la forma en que cambian las economías. La evolución de la política a partir de gobernantes individuales absolutos a gobiernos democráticos es concebida típicamente como un paso hacia una mayor eficiencia política.

Existen instituciones promotoras del desarrollo pero existen otras que lo inhiben, debido que las instituciones son impuestas por la clase política que, en determinadas ocasiones, favorecen sus propios intereses y no promueven el desarrollo. Tan sólo en algunos casos, coinciden las instituciones que favorecen los intereses de la clase dominante y las que promueven el desarrollo; pero en la mayoría, no coinciden, y el desarrollo se frustra. Douglas North plantea como alternativa a la teoría económica neoclásica, una variante teórica que toma como fundamento básico del desempeño y desarrollo de una economía con la evolución de sus instituciones en el ámbito temporal, como sustento de una toma de decisiones que, generalmente, los individuos realizan día a día, bajo la incertidumbre de mercado, con modelos teóricos erróneos y en una dinámica llena de costos de transacción, los mismos que le restan eficiencia al sistema en su conjunto. Según North, el ser humano crea instituciones como consecuencia de la incertidumbre que rige en las relaciones humanas. De este modo habrá sociedades que creen instituciones capaces de estimular el crecimiento económico, mientras que otras sociedades crearán instituciones que den lugar al estancamiento económico.

North considera instituciones tanto de iniciativa privada como de gobierno, ya que ambas influyen en el comportamiento de las personas que se ven en la necesidad de tomar decisiones dentro de la economía de mercado. A tal efecto caracteriza la naturaleza del cambio institucional y propone un método aproximado de análisis del comportamiento humano, así como una alternativa de análisis de la historia económica basada en estos nuevos lineamientos y las políticas de desarrollo económico de finales del siglo XX. La aplicación de los conceptos institucionalistas al análisis del desarrollo económico ha puesto en evidencia las limitaciones de las políticas económicas que se estaban recomendando por parte de los organismos internacionales y aplicando por los gobiernos locales. El neoinstitucionalismo analiza cómo las organizaciones sociales y los cambios históricos van construyendo una senda de desarrollo económico que depende en gran medida del pasado. Las políticas económicas para los países en desarrollo no pueden limitarse a la aplicación mecánica de recetas iguales para todos sino que deben tener en cuenta la historia y las instituciones reales que funcionan en cada país.

Al analizar el papel del estado desde el punto de vista del institucionalismo el objetivo es determinar la eficiencia de las reglas de juego que ha creado. La consideración habitual es que las reglas creadas por el estado deben buscar la eficiencia productiva, o eficiencia asignativa, que mide la cantidad de producto que se obtiene según la asignación de recursos que se haya hecho. Con este criterio, el estado debe crear instituciones que fomenten, impulsen y expandan la producción de la forma más eficaz. Se propone valorar las instituciones por lo que llama la eficiencia distributiva, que mide no solo los resultados que se obtienen, sino también la eficiencia con la que estos resultados se distribuyen en la comunidad. Esta perspectiva social está relacionada con la economía del bienestar, con el concepto de coste de oportunidad y con los criterios paretianos. En su formulación más tradicional la eficiencia distributiva se alcanza cuando los recursos se distribuyen de tal forma que maximizan el bienestar de la sociedad.

El cambio institucional puede resultar de cambios en las reglas formales, informales o en las características de su cumplimiento, la eficiencia adaptativa es la habilidad de algunas sociedades de realizar ajustes flexiblemente frente a los shocks y cambiar las instituciones, para lidiar eficazmente con una realidad "alterada". En el centro del tema del desarrollo económico está la diferenciación entre las instituciones construidas para enfrentar las incertidumbres del entorno físico y las construidas para enfrentar las provenientes del entorno humano, también es esencial entender las condiciones subyacentes al orden y al desorden. El orden implica una reducción de las incertidumbres, como resultado de instituciones que proveen mayor predictibilidad a la interacción humana. El desorden aumenta la incertidumbre.

Con el concepto de eficiencia adaptativa  se considera el modo en que la economía evoluciona a lo largo del tiempo, la inclinación de una sociedad a adquirir conocimientos y a aprender, a inducir la innovación, a correr riesgos y a mantener una actividad creadora, así como a resolver problemas. La eficiencia adaptativa depende del marco institucional que incentive o no este tipo de actitud o predisposición al aprendizaje en un mundo de fuerte dinamismo. En un mundo caracterizado por la incertidumbre, nadie conoce la respuesta correcta a los problemas que confrontamos; por tanto, nadie es capaz de "maximizar" las ganancias efectivamente; de ello se deduce que la sociedad que permita la realización del mayor número de ensayos será la que tenga mayores probabilidades de resolver problemas a través del tiempo. No se puede dar por cierto que el Estado haya creado las reglas del juego que conducen al crecimiento económico; para North estas reglas son una excepción y tampoco existe ninguna garantía de que serán perpetuas; por tanto el rol del Estado más importante y más difícil de llevar a cabo es establecer y reforzar un conjunto de reglas del juego que incentiven a la participación económica y creativa por parte de todos los ciudadanos.

*"Las instituciones son las restricciones ideadas por los humanos que permiten estructurar los intercambios económicos, sociales y políticos",* afirma North (1991) al delimitar los conceptos sobre los cuales se  asienta su programa de Historia Institucional.  Esas restricciones pueden ser informales, y  entre ellas, el autor menciona las costumbres, códigos tácitos de conducta, las tradiciones, los tabús y las convenciones u otras  normas que pueden estructurarse como reglas  formales a través de las constituciones, leyes  o derechos de propiedad. Los mecanismos que  permiten regular o imponer tales normas pueden también ser considerados como instituciones y de hecho juegan un rol significativo en el  marco de la Nueva Historia Institucional, ya que  "el grado de identidad entre los objetivos de una  pauta institucional y las elecciones individuales depende de la efectividad de los mecanismos de refuerzo, los cuales pueden provenir de una internalización de las normas, de la sanción social o imposiciones coercitivas del Estado"

(North, 1990). Al definir las instituciones como "reglas de juego", North parece enfatizar en el aspecto de prescripción y regulación que apunta a reforzar un comportamiento específico. El aspecto de mayor relevancia en esta definición es que las "instituciones definen y limitan el conjunto de las elecciones de los agentes económicos y estructuran sus incentivos". Junto con los recursos endógenos y la tecnología, las organizaciones definen el abanico de posibilidades en cualquier momento del tiempo.

Con esta teoría resulta propicio introducir el análisis institucional en la teoría del Desarrollo y, es de la mano de esta propuesta teórica que se traslada el énfasis explicativo sobre las causas del atraso de la carencia de capital financiero, de inversión o capital humano, hacia los marcos institucionales inestables o "ineficientes" para promover las actividades productivas y rentables. Desde diferentes perspectivas se proclama la necesidad de revisar la relación dinámica entre el desempeño económico y variables tradicionalmente marginadas del análisis como la política, los sistemas de justicia, las normas de conducta, la existencia de redes sociales de cooperación, elementos todos que forman parte del bagaje conceptual neoinstitucional. Pero la dinámica del cambio institucional, como motor del desarrollo y agentes del cambio son las organizaciones que se constituyen para aprovechar los marcos institucionales. Son ellas las que pugnan por cambiar ese marco institucional, cuando ven que existen ventanas de oportunidad para realizar ese cambio. Estas ventanas de oportunidad, están determinadas por la historia (la dependencia de la trayectoria), en la medida en que el pasado estructura las oportunidades factibles, la ideología que, como visión del mundo, permite visualizar acertada o equivocadamente esas oportunidades y las estructuras de poder que, a diferencia de la teoría darwiniana de Alchian, las instituciones no evolucionan de instituciones ineficientes a instituciones cada vez más eficientes, la razón se debe a que las estructuras de poder impiden esta evolución (Millán, 2011).

Dentro de este argumento si el gobierno da un porcentaje de acceso al pueblo, cada vez mayor, en el proceso de toma de decisiones políticas, elimina la capacidad caprichosa de un gobernante para confiscar riquezas, y desarrolla un cumplimiento obligatorio por un tercero con un poder judicial independiente de lo cual resulta sin duda un avance hacia una mayor eficiencia política. Mientras más complejo sea el intercambio en tiempo y espacio, más complejas y costosas serán las instituciones necesarias para lograr resultados de cooperación. Las instituciones, junto con la tecnología empleada, determinan esos costos de negociación, las instituciones también desempeñan un papel clave en los costos de producción y el marco institucional desempeña una función importante en el rendimiento de una economía. El mercado en su conjunto es un saco mezclado de instituciones; algunas aumentan la eficiencia y otras la reducen. En cualquier caso, queda claro que este marco institucional es la clave del éxito relativo de las economías.

North prioriza el cambio institucional como resultado del esfuerzo deliberado de los seres humanos para controlar su entorno en su lucha para reducir la incertidumbre y en consecuencia los humanos buscan hacer su entorno más predecible construyendo reglas (formales e informales) que restrinjan la flexibilidad de las opciones: son las instituciones, al construir creencias sobre la naturaleza de la "realidad" de un sistema económico-político (modelo positivo y modelo normativo), estas creencias dominantes resultan en una matriz institucional que determina el desempeño económico y político de una sociedad, imponiendo severas restricciones al conjunto de opciones de los empresarios, la dependencia de la trayectoria hace que el cambio sea incremental.

Los empresarios van estableciendo políticas para mejorar sus posiciones; la magnitud relativa del cambio dependerá del grado de competencia, la clave para entender el cambio económico es la intencionalidad de los jugadores ¿Cuál es la fuente de la intencionalidad? en un mundo no ergódico (no predictible en base al pasado), es el esfuerzo ubicuo de los humanos para volver inteligible su entorno y reducir sus incertidumbres. Ese esfuerzo modifica el entorno y plantea nuevos desafíos, como se muestra en la siguiente figura.

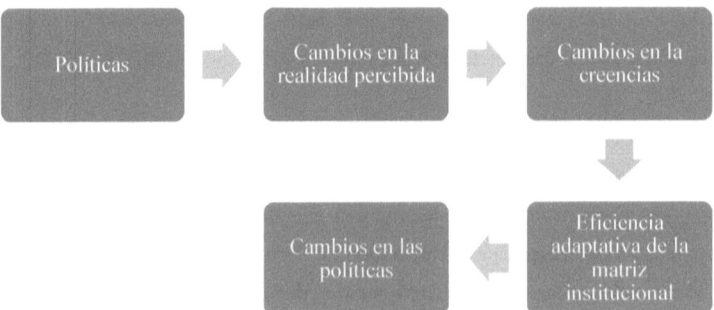

El comportamiento racional implica pleno conocimiento de todas las contingencias, exploración exhaustiva del árbol de decisiones y un vínculo correcto entre acciones, eventos y resultados pero si bien a veces se han hecho bien las cosas, la historia económica es una historia de errores de cálculo (hambrunas, derrotas, estancamiento y desaparición de civilizaciones). El crecimiento ha sido episódico: o bien las intenciones no han prosperado o bien el entendimiento ha sido imperfecto y los resultados se han desviado de las intenciones.

Las creencias e instituciones que explican el ascenso de Occidente ilustran acerca de una combinación de juicios acertados y buena suerte. Los ascensos y caídas sirven para elaborar dos aspectos del cambio económico:

- Las dificultades de alterar el marco social con conocimiento muy imperfecto de los jugadores.
- La desintegración social resultante de la lucha por superar la rigidez y creencias erróneas, cuando las sociedades buscan hacer cambios fundamentales.

Buena parte del cambio económico ha sido el resultado no previsto del cambio institucional, reflejando una brecha importante entre intenciones y resultados como consecuencia de creencias equivocadas. El marco institucional construido para producir opciones políticas es una fuente central de divergencia entre resultados e intenciones, reflejando conocimiento imperfecto entre principales y agentes. Cuando los mercados económicos están estructurados de modo que los jugadores compiten por precio y calidad, entonces el resultado es smithiano, pero el resultado es una mezcla de decisiones económicas y políticas que afectan el desempeño de los mercados individuales y determinan la dirección de toda la economía. En cada momento, los jugadores dependen de la trayectoria y los límites de sus opciones provienen de las creencias, instituciones y estructura artefactual heredada del pasado lo que muestra que existen cuatro factores fundamentales:

| El pasaje del intercambio personal al impersonal | Especialización del conocimiento | Proveer incentivos a los jugadores para competir logrando creciente productividad | Instituciones políticas que provean los bienes públicos esenciales |

Pero en esta función compleja entre constreñimientos formales e informales se debe contar con una visión del comportamiento humano que nos permita explicar la acción social y la manera en que influye sobre el entorno, de esta manera el resultado es comprensible en la relación de la acción intencional y filtro estructural que existe en todos los procesos de cambio social, de modo que resulte comprensible la relación entre acción intencional y filtro estructural que existe en todos los procesos de cambio social. La idea de que los actores sociales son racionales y llevan a cabo sus elecciones con una concepción maximizadora de sus ganancias ha sido un aporte de la economía neoclásica a la teoría social que pretende resaltar que la autonomía de lo económico está asociada con una forma particular de conducta apoyada en el cálculo y orientada hacia la obtención del máximo beneficio. Por otro lado la teoría neoclásica supuso que la conducta económica tenía su motor en el interés y que era, por ello, calculadora. El hombre no era, pues, un hombre egoísta sino un hombre interesado, esto es, racional.

La paulatina complejidad de las sociedades eleva el índice de rendimiento de la formalización de límites, y el progreso tecnológico tiende a reducir costos de mediación. La creación de sistemas legales para manipular disputas más complicadas exigen reglas formales; jerarquías que evolucionan con una organización más compleja exigen estructuras formales para especificar relaciones agente-principal (North, 1993). Las reglas formales pueden complementar y alentarla eficiencia de las reglas informales, pueden reducir la información del monitoreo y de los costos del cumplimiento obligatorio y por tanto hacer que las reglas informales sean soluciones posibles a un intercambio más complejo. También se pueden dictar reglas formales para modificar, revisar o sustituir limitaciones informales. Un cambio en la fuerza de negociación de las partes puede llevar a una demanda efectiva de un marco institucional diferente en el intercambio, aunque las reglas informales se presentan en el camino del cumplimiento.

Los supuestos conductuales, de la racionalidad, no implican que el comportamiento de todo el mundo debe ser congruente con la misma racionalidad, más bien descansan en la idea de las fuerzas competitivas propiciarán la supervivencia de que quienes se conduzcan de una manera racional, mientras que quienes no lo hagan fracasarán. Por consiguiente, en una situación evolutiva y competitiva (que cumple el presupuesto básico de escasez y competencia) la conducta más generalizada será la de la gente que ha obrado de acuerdo con tales normas. En el mercado la concurrencia de individuos interesados sólo proporciona estabilidad y prosperidad si los actores son respetuosos de la legalidad y obedientes de la autoridad estatal, o si ésta es capaz de hacer cumplir las normas como un tercer actor coercitivo con una orientación utilitaria, sostenida por el afán del crecimiento.

Pero la atención central recae en el problema de la colaboración humana, específicamente en la colaboración que permite a las economías captar ventajas y ganancias del comercio que fueron la clave del crecimiento. La evolución de las instituciones que crea un medio propicio a las soluciones conjuntas del cambio complejo es favorable al desarrollo económico.[14] No toda la cooperación humana es socialmente productiva, por ello se trata de explicar la evolución de los marcos institucionales que inducen al estancamiento y declive económico así como en explicar sus éxitos. La disparidad en el desempeño económico de los países a lo largo del tiempo no ha sido explicada satisfactoriamente porque la teoría empleada no está a la altura de la tarea. La teoría se basa en el supuesto fundamental de la escasez y, por consiguiente, de la competencia, sus consecuencias armoniosas provienen de los supuestos de un proceso de intercambio sin fricciones en el cual los derechos de propiedad están especificados perfectamente por cuya razón no tiene dificultad adquirir información.

Pese a la escasez, el supuesto de la competencia, ha tenido peso y ha proporcionado los soportes clave de la teoría neoclásica. Lo que ha faltado en la teoría, es la falta de coordinación y cooperación humana donde son parte fundamente las instituciones. Donde se ha explorado los problemas de la cooperación en un marco teórico de juego. Aplicando brevemente este enfoque de un modo simplificado, los individuos que maximizan la riqueza hallarán con frecuencia que vale

---

[14] Adam Smith, La riqueza de las naciones, 2011, Alianza Editorial, Barcelona, España.

la pena cooperar con otros jugadores cuando el juego es repetido, cuando poseen información completa sobre los actos anteriores de otros jugadores, cuando el número de jugadores es pequeño.

Las instituciones proporcionan la estructura básica por medio de la cual la humanidad a lo largo de la historia ha creado orden, y de paso ha procurado reducir la incertidumbre. Junto con la tecnología empleada determinan los costos de transacción y transformación y por consiguiente la utilidad y la viabilidad de participar en la actividad económica. Conectan el pasado con el presente y el futuro, de modo que la historia es principalmente un relato incremental de evolución institucional en el cual el desempeño histórico de las economías sólo puede entenderse como la parte de una historia secuencial, así como lo postula North.

*"Las instituciones son la clave para entender la interrelación entre la política y la economía y las consecuencias de esa interrelación para el crecimiento económico o estancamiento"*[15]

De esta manera, se crean instituciones eficientes mediante una política que tiene incentivos internos para establecer y hacer cumplir derechos de propiedad eficientes. En esta perspectiva, la forma en que el marco institucional logre armonizar el establecimiento de mercados competitivos con una estructura de incentivos amistosa con la innovación, aun cuando ésta pudiese originar posiciones monopólicas por algún tiempo, será un elemento importante en la determinación de las tasas de crecimiento de una economía.

## El enfoque de Acemoglu y Robinson: instituciones inclusivas, instituciones extractivas y estructura de poder.

Con la importancia de las estructuras del poder y el condicionante histórico postulado por Douglas North; Daron Acemoglu y James A. Robinson plantean la definición de instituciones extractivas e instituciones inclusivas, donde se plantea a las instituciones extractivas como aquellas que se apartan de la obtención del bien común y dedican sus esfuerzos a su propio bienestar y al del grupo al que pertenecen en el que concentran el poder en manos de una élite reducida y fijan pocos límites

---

[15] Douglas North, Institutions, Institutional Change and Economic Performance, 1990, Cambridge Univesity Press, Cambridge, E.U.A. 1990, p.152.

al ejercicio de su poder. Estas élites elaboran un sistema de captura de rentas que les permite, sin crear riqueza, detraer rentas de la mayor parte de la ciudadanía en beneficio propio lo que lleva a vincularse con las instituciones políticas extractivas para garantizar la concentración de poder ilimitado a favor de una la élite político económico.

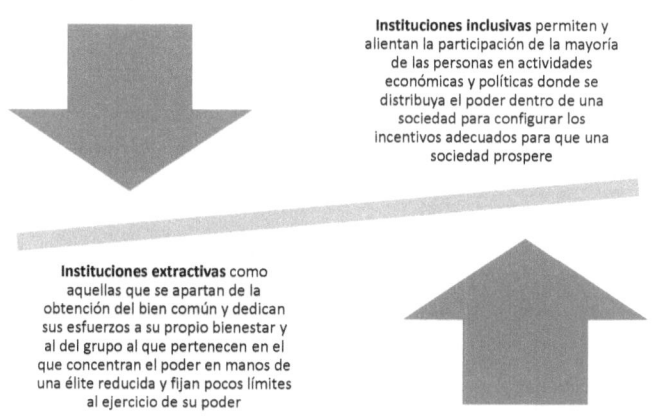

Una vez que se da esta fusión se crea un Estado extractivo quedando atrapado en el círculo vicioso de la cleptocracia lo cual conduce a dichos estados al fracaso y la pobreza. Por otro lado, definen a las instituciones inclusivas como aquellas que permiten y alientan la participación de la mayoría de las personas en actividades económicas y políticas donde se distribuya el poder dentro de una sociedad, con esta combinación de instituciones políticas y económicas inclusivas configuran los incentivos adecuados para que una sociedad prospere, de esta forma se trata de equiparar el poder de los actores, creando oportunidades de manera equitativa, y para dar incentivos y posibilidades de crecimiento para la mayoría de la población.

Para argumentar las definiciones antes mencionadas se plantea como ejemplo el caso de Los Nogales, la misma ciudad pero un lado en México y otro en Estados Unidos. El primero es pobre y el segundo es rico donde se remontan a la colonización europea de América. Los españoles instauraron un sistema de trabajos forzados (encomiendas) dominado por una élite que se opuso a los avances constitucionales en España y que se independizó para perpetuar sus privilegios con una gran inestabilidad política. Mientras, los colonos ingleses de 1619 que fundaron villas en

Norteamérica, como Virginia, ensayaron varios modelos hasta que encontraron uno que daba muchos incentivos al colono para cultivar las tierras y participar en la vida política. Tras la independencia, los presidentes respetaron el marco constitucional y fomentaron el crédito a los emprendedores para patentar y abrir negocios sin trabas burocráticas, además de no favorecer a los monopolios, sino a la competencia, lo que lleva a plantear que en Estados Unidos, sus habitantes tienen acceso a las instituciones económicas estadounidenses, lo que les permite elegir su trabajo libremente, adquirir formación académica y profesional y animar a sus empleadores a que inviertan en la mejor tecnología, lo que, a su vez, hace que ganen sueldos más elevados, además tienen acceso a instituciones políticas que les permiten participar en el proceso democrático, por otro lado en América Latina se vive en un mundo distinto moldeado por diferentes instituciones, éstas crean incentivos muy dispares para los habitantes y para los emprendedores y las empresas que desean invertir allí. Los incentivos creados por las distintas instituciones de Latinoamérica y Estados Unidos son la razón principal que explica las diferencias en prosperidad económica en los países (Acemoglu & A., 2012).   Con estos hechos se argumenta que sí un país tiene instituciones que fomente e incentive la libre empresa gozara de gran riqueza por ser muy democráticos.

Pero tradicionalmente los determinantes del crecimiento son el capital físico, privado y público y el capital humano que también son determinantes de primera magnitud para los incentivos que tienen los agentes económicos para ser más eficientes y más innovadores ya que permite explicar diferencias tan grandes que existen entre la evolución de muchas economías con escasas diferencias en capital físico y diferencias limitadas en capital humano, además la acumulación es endógena y su ritmo también está afectado por los incentivos y la intensidad y calidad del capital humano están también condicionadas por los incentivos y por instituciones formales e informales. Los incentivos que condicionan las decisiones de los agentes económicos:

Estos incentivos son afectados, de forma decisiva, por una serie de factores que genéricamente llamamos instituciones formales e informales. Las leyes, normas y regulaciones y el funcionamiento del gobierno y las administraciones públicas constituyen instituciones formales que condicionan la actividad económica, pero el grado de cumplimiento de las leyes y de los acuerdos privados y la posibilidad de recurrir a instancias que garanticen esos cumplimientos y resuelvan eficazmente las disputas entre ciudadanos y la Administración, (los elementos que dotan de seguridad jurídica a la sociedad) son componentes fundamentales para generar los incentivos apropiados para una actividad económica eficiente y para el desarrollo de innovaciones y también lo son la limpieza y la transparencia con las que actúan los responsables de aprobar y de aplicar las normas y de gestionar el aparato del Estado (instituciones informales). Estas últimas instituciones informales están determinadas, y a su vez inciden, por los valores y códigos de conducta imperantes en la sociedad.

Si existe un rechazo social bajo al engaño, al incumplimiento y a la compra-venta de decisiones públicas, la limpieza y la transparencia será menor y el grado de cumplimiento de normas y contratos se encontrará en un contexto de reducida limpieza y baja transparencia donde se desarrollan grupos beneficiados, más que a una regeneración de bienes que contribuyen a reducir el rechazo social por esas conductas y consolidan modelos de desarrollo social.

Las recomendaciones de reforma de los organismos internacionales y de los economistas liberales se centran únicamente en las dos últimas áreas (políticas macroeconómicas y mercados), ignorando el resto. Por eso no funcionan en algunos casos, como en México, la privatización de empresas y la supuesta liberalización de mercados en un contexto de baja seguridad jurídica, muy escasa transparencia y práctica inexistencia de clase empresarial han conducido a la consolidación de un grupo de poderosos dirigentes y ahora empresarios, que bloquea cualquier avance institucional.

La acumulación de capital humano depende de la dotación de recursos que reciba el sistema educativo, pero fundamentalmente del funcionamiento de unas instituciones formales importantes, que pueden tener diferentes niveles de eficiencia para similares dotaciones de recursos humanos y de medios financieros. Las reglas de funcionamiento de esas instituciones formales y los incentivos son tan importantes como las dotaciones de recursos y en general, la calidad de las normas internas de estas instituciones formales deben estar alineadas con las que rigen en otras instituciones formales y que los incentivos de los agentes implicados estén condicionados por los valores y códigos de conducta imperantes y por el funcionamiento de la economía.

Por eso no es de extrañar que se encuentre una correlación alta entre diversas medidas de capital humano y diversas medidas de calidad institucional. Glaeser, La Porta, López de Silanes y Shleifer (2004) sugieren que la relación de causalidad va de educación a instituciones, mientras que Acemoglu, Johnson, Robinson y Yared (2005) responden que la relación de causalidad va de instituciones a capital humano. Resulta mucho más convincente esta segunda posición. La interacción entre las instituciones y el crecimiento o el desempeño económico en general, la describen Acemoglu et al. (2004) a través de la siguiente figura.

*Dinámica Institucional*

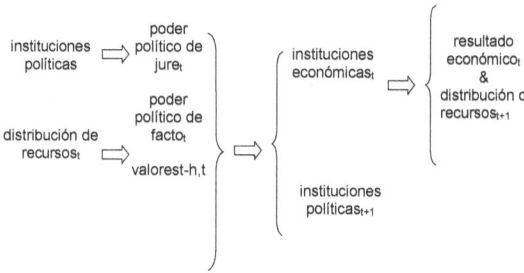

De acuerdo con la lógica que plantea el diagrama, las instituciones económicas determinan el desempeño de la economía de un país, pero a la vez ellas son determinadas por el "peso político" de los diversos sectores de la sociedad, reflejando el hecho de que la organización económica no es neutral en cuanto a sus efectos distributivos. La posibilidad de círculo virtuoso si se produce una mejora de las instituciones económicas, los buenos resultados pueden ganar adeptos a la causa reformadora, las instituciones informales refuerzan la persistencia de las malas y pueden obstaculizar círculo el virtuoso.

Como se indica en el diagrama, los cambios que eventos exógenos provoquen sobre la distribución de fuerzas políticas de una sociedad pueden acarrear consecuencias importantes sobre el desempeño de la economía y de allí en la distribución de recursos de los períodos siguientes. En esta perspectiva, parece razonable suponer que una recesión severa —ya sea que se origine en errores de la política económica o en factores ajenos a ésta, podría promover una redistribución de recursos y/o de poder político que termine modificando la estrategia de política económica, el desempeño global de la economía e incluso las "reglas de juego" económico. Una consolidación de la mejora de las instituciones económicas introducidas en un contexto de malas instituciones políticas, que mejore los resultados económicos y cambie la distribución de la renta, puede conducir a un cambio o una mejora de las instituciones políticas.

Para Acemoglu et al. (2004), las dos variables centrales[16] para el estudio del proceso de crecimiento son:

---

[16] Variables "estado", en la terminología de los problemas de control óptimo dentro de los que se inscribe el crecimiento económico.

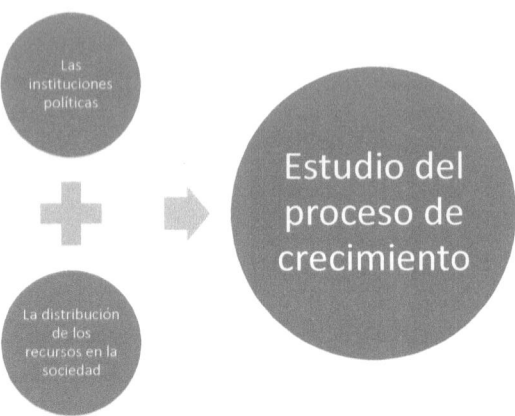

La primera variable determina el poder político formal (de jure) en la sociedad, mientras que la segunda determina el poder de hecho (de facto). Es importante señalar que la idea que se expresa a través de la "distribución de recursos" no se limita a la distribución del ingreso en la sociedad, sino que también incorpora otras fuentes de recursos que podrían ser utilizadas en un momento para influir en la definición de las "reglas del juego" de la sociedad. En sus investigaciones, Acemoglu et al. también subrayan la diferente "inversión en instituciones" realizada por los conquistadores europeos en las colonias. Para ellos, los colonizadores invirtieron más en el desarrollo institucional de aquellos lugares en los que visualizaron la perspectiva de asentarse, lo que habría determinado el posterior desarrollo de dichas colonias. Señalan, además, que un determinante de importancia en la decisión respecto a cuánto "invertir" en las instituciones de una colonia fue el grado de concentración urbana prevaleciente en ella, puesto que dicha variable incidía en la posibilidad de que los colonizadores pudiesen imponer sus reglas y cultura a los "locales". Así, en aquellos poblados de mayor densidad, donde la posibilidad de lograr dicho objetivo era más baja, no habría habido gran interés por comprometerse en su desarrollo institucional.

A su vez, Acemoglu et al. (2004) destacan cómo la cuantía de las riquezas extraíbles en un corto plazo incidió en la estrategia adoptada por los "conquistadores" en cuanto al esfuerzo que dedicarían al diseño institucional de cada una de las colonias. De este modo, cuando las riquezas eran importantes y podían ser obtenidas rápidamente, el colonizador no se preocupó mayormente de invertir en el diseño de un marco institucional de largo plazo, sino que se definieron reglas coherentes con la rápida extracción y embarco de dichos recursos.

Llama la atención el hecho de que países como Argentina y Chile, cuyo desempeño económico fue inicialmente exitoso, lo que en el contexto mencionado cabría atribuir al aporte del marco institucional que surgió de los "colonizadores", más tarde entran en una declinación pronunciada en términos de su dinamismo. En esta perspectiva, parece razonable preguntarse cómo y por qué los países destruyen, en algún grado, una institucionalidad exitosa. Si bien es posible aventurar alguna explicación a partir del diagrama antes expuesto, parece necesario un tratamiento riguroso de dichos procesos, tanto en términos de lograr una mayor riqueza del análisis como de sustentar acciones que permitan actuar en la dirección opuesta. Esto es, de revitalizar el proceso de crecimiento en el tiempo.

Respecto al caso de Argentina, es interesante considerar que hasta inicios del siglo pasado exhibía un producto por habitante superior, o al menos similar, al de sus "conquistadores" y también al de países donde aparentemente el conquistador había invertido más en desarrollo institucional. Sin embargo, de pronto este país entró en un proceso de lento crecimiento, que lo llevó a declinar sostenidamente en los rankings de progreso.

Algo parecido se observa en el caso de Chile, país que también registra un satisfactorio desempeño económico hasta la irrupción de la crisis del salitre, para luego de la Gran Depresión emerger con un bajo dinamismo, el que se hizo especialmente evidente a partir de la década del 60, dado el fuerte dinamismo que experimentó la economía mundial en el período de posguerra.

En el análisis de la forma en que una sociedad estructura sus instituciones, Acemoglu et al. (2004) introducen como concepto la "versión política del teorema de Coase". De acuerdo con esta versión, aquellos grupos que bloquean la implementación de reformas favorables al agregado de la sociedad, al sentirse perjudicados por éstas, en teoría al menos, podrían ser compensados de algún modo, lo que haría posible realizar los cambios necesarios para alcanzar un mejor desempeño de la economía. Sin embargo, Acemoglu et al. (2004) reconocen que este tipo de compensación habitualmente no se puede alcanzar, puesto que no existen mecanismos que lo posibiliten. En otras palabras, una vez que el grupo que se resiste a la modernización de las instituciones renuncia a su posición de poder para dar paso a un cambio político y a la implementación de reformas, parece difícil que pueda materializarse el mecanismo de compensación. Para ello se requeriría de un "tercer actor", el que habitualmente no existe entre la sociedad y ellos, que arbitre en este tipo de situaciones. El problema es evidentemente complejo y explica por qué numerosos países que atraviesan por una situación de subdesarrollo severa no logran adecuar sus políticas e instituciones a un cuadro parecido al que observan aquellos que exhiben un desempeño exitoso.

La interpretación que realizan Acemoglu y Robinson acerca de la forma en que interactúan las diferentes variables que intervienen en el crecimiento provee una interesante alternativa de análisis para los aparentemente fallidos intentos por estimular el crecimiento a través de una combinación de políticas ortodoxas.

Si bien cada uno de estos casos justificaría una investigación, dadas las particularidades que involucra un proceso de reformas económicas, a menudo no se requiere de un análisis demasiado exhaustivo para descubrir inconsistencias en la implementación de las mismas, las que podrían explicar su posterior fracaso. Al respecto no se debe perder de vista que la literatura empírica de crecimiento económico muestra que la relación entre políticas individuales y dicho proceso es relativamente débil, siendo lo relevante la adopción de "paquetes" coherentes de política[17]. En una perspectiva más amplia, resulta necesario establecer si el entorno institucional prevaleciente era coherente con el éxito de las reformas en ejecución, lo que nos devuelve al tema de las instituciones.

En términos generales, se plantea que el desempeño de una economía, caracterizado por un vector de variables estado (x) que incluye la tasa de crecimiento del producto, es función de un conjunto de políticas que podemos asociar con $\phi$ y $\gamma$, las que se potencian mutuamente, de acuerdo con la idea de que lo relevante son los "paquetes de política", los que reflejan una estrategia global más que políticas individuales, y un índice de eficiencia global (A), el que se puede relacionar con el desarrollo institucional de esta economía, el que habría que asociar con determinados indicadores concretos.

---

[17] Levine, Ross and David Renelt, "A Sensitivity Analysis of Cross-Country Growth Regressions", American Economics Review 82 (4): 942-63, 1992.

$$x = Af(\phi; \gamma) = A\phi^{\alpha}\gamma^{\beta}$$

Así, una combinación eficiente de políticas puede tener escaso impacto sobre el desempeño de la economía mientras no exista un marco institucional que contribuya a hacerlas efectivas. Pensemos por ejemplo en una política de liberalización de mercados y estímulos a la iniciativa privada, en un contexto en el que no existe el aparato jurídico para garantizar la propiedad y en el que prevalece la corrupción. Desde luego, la ausencia de los efectos esperados de la estrategia de política seguida no refleja un fracaso de ésta, sino que la presencia de un entorno inadecuado para lograr los beneficios que tal estrategia conlleva.

Para completar esta analogía con la teoría de la producción y el marco institucional, resulta evidente que la hipótesis que se plantea en la ecuación es coherente con la teoría desarrollada por Acemoglu y Robinson, en cuanto a que será el parámetro "A" (índice de eficiencia global) el factor determinante del dinamismo de la economía en tanto se asuma que la productividad de las políticas individuales es decreciente y que la función de producción de la política económica tiene rendimientos constantes a la escala ($\alpha+\beta=1$).

Al analizar este modelo de cambio institucional se argumenta que los países ricos son ricos porque tienen instituciones políticas y económicas inclusivas, mientras que los países pobres son pobres porque tienen instituciones económicas y políticas extractivas porque las instituciones económicas inclusivas crean los incentivos y oportunidades necesarias para promover la energía, creatividad y el espíritu empresarial en la sociedad. Las instituciones extractivas reducen sus incentivos para invertir en la tierra y también para adoptar mejores tecnologías que pueda incrementar la productividad y les da menos incentivos. En promedio los países pobres tienen instituciones económicas extractivas mientras que los ricos tienen instituciones inclusivas. Los países no adoptan instituciones extractivas por casualidad, por el contrario las escogen a través de un proceso político. Las instituciones políticas extractivas consisten de dos dimensiones importantes:

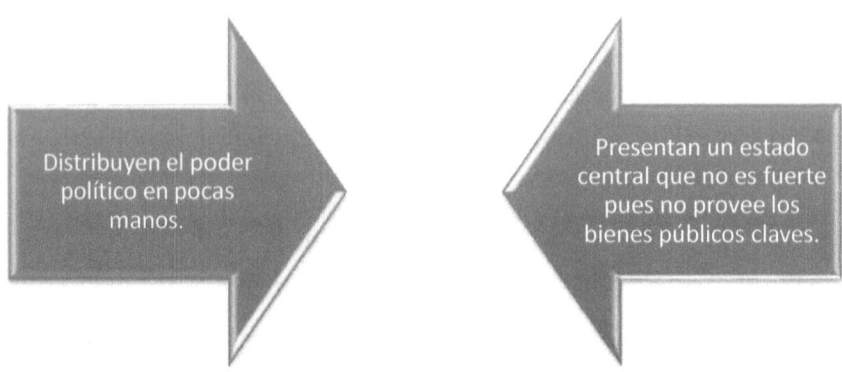

Distribuyen el poder político en pocas manos.

Presentan un estado central que no es fuerte pues no provee los bienes públicos claves.

Acemoglu y Robinson centran la atención en usar estos conceptos para explicar el éxito y el fracaso económico de las naciones. Pero estos conceptos aplican de igual forma a las diferencias entre regiones dentro de los países. Se menciona que en promedio los países pobres tienen instituciones extractivas, pero dentro de los países algunas regiones pueden ser más extractivas que otras. La desigualdad también difiere dentro de los países, la teoría implica que estas diferencias dentro de México, pueden ser explicadas por el hecho de que el Sur tiene más instituciones extractivas políticas y económicas que el resto del país y que tienen condiciones especiales que interactúan con las instituciones extractivas a nivel nacional de formas particularmente desafortunadas.

*"Los países fracasan hoy en día porque sus instituciones económicas extractivas no crean los incentivos necesarios para que la gente ahorre, invierta e innove. Las instituciones políticas extractivas apoyan a estas instituciones económicas para consolidar el poder de quienes se benefician de la extracción."[18]*

Las instituciones económicas inclusivas crean los incentivos y oportunidades necesarias para:

---

[18] Daron Acemoglu, James Robinson, Los orígenes del poder, la prosperidad y la pobreza. Por qué fracasan los países, 2012, Ediciones Culturales Paidós, Barcelona, España, pag. 436.

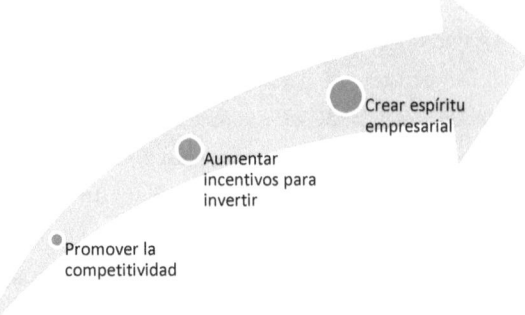

Crear espíritu
empresarial

Aumentar
incentivos para
invertir

Promover la
competitividad

Las instituciones políticas y económicas extractivas, aunque varíen en detalles bajo distintas circunstancias, siempre están en el origen de este fracaso. En muchos casos, este fracaso adopta la forma de falta de actividad económica suficiente, porque los políticos están encantados de extraer recursos o de aplastar cualquier tipo de actividad económica independiente que los amenace a ellos y a los círculos económicos más altos. Las instituciones extractivas allanan el camino para el fracaso total del Estado, y destruyen no solamente la ley y el orden, sino también los incentivos económicos más básicos. El resultado es el estancamiento económico.

Por lo tanto, una forma simple de pensar sobre la pobreza y desigualdad es viéndolo como la persistencia de las instituciones que generalmente determinan la desigualdad y la pobreza. Es posible desempacar esto en dos dimensiones: explotación y abandono por parte del estado. Estas instituciones económicas extractivas se mantuvieron en su lugar gracias a instituciones políticas extractivas. La peor de estas combinaciones se encuentran, cuando a la explotación se le suma el abandono de un estado débil y un sistema legal poco eficiente que no es bueno para aplicar las leyes y con gobiernos clientelistas y corruptos en la forma cómo interactúan con sus ciudadanos. En esta teoría se propone que para resolver estos problemas las instituciones políticas deben ser menos extractivas.

## Las instituciones en sociedades heterogéneas. El enfoque Millán

La revivificación de los estudios sobre las instituciones está vinculada a la recuperación del interés por el desarrollo. La década perdida de los ochenta y el mediocre crecimiento que siguió a las políticas de ajuste, ya en los años noventa, suscitaron dos tipos de reacciones que condujeron a un alejamiento de la idea fundacional de todo tipo de liberalismo económico; el papel pasivo que el Estado debería jugar en el entorno económico y social. La primera se encargo de cuestionar las prescripciones de ese recetario y de restaurar una versión corregida y aumentada del Estado promotor del desarrollo. Corregida porque reconoce algunos de los consejos neoliberales, como la importancia de mantener bajo control los fundamentos macroeconómicos a la preservación de la focalización como instrumento de un política social universal y financieramente viable (Millán, 2012), porque asigna al Estado la función de constituirse en fiador de un conjunto expansivo de derechos que incluyen los de naturaleza civil, política y social se trata de la línea de desarrollo humano.

La segunda reacción inquirió sobre las condiciones que deben prevalecer en una sociedad para que el mercado funcione como motor del desarrollo y también sobre los supuestos poco realistas en los que reposa el cuerpo teórico que anima el pensamiento neoliberal. En esta amplia vertiente se incrusta el neoliberalismo. A diferencia de la primera, que en fondo no es más que una actualización de las ideas estructuralistas fusionadas con el objetivo de profundizar la democracia, el nuevo enfoque si significa un paso adelante en la comprensión del desarrollo, por las siguientes razones:

**Incluir instituciones como determinantes del desarrollo:**

- La teoría neoclásica logró una convención de: "desarrollo" igual al "crecimeinto"
- Obedece a la acumulación de factores y aumento de productividad total de los mismos. "Residuo de Solow"

**En la esfera "macro" incorpora la importancia del conocimiento y por tanto de la tecnología:**

- Resaltando modelos de crecimiento endógeno y la posibilidad de equilibrios múltiples derivado de la información incompleta o asimétrica
- Así como la importancia de la historia y la ideología en la toma de desiciones

**En la esfera micro comparte el individualismo metodológico:**

- Como son la cooperación, acción colectiva, problemas de agencia, teoría de juegos, racionalidad limitada, costos de transacción, etc.

**Se abre un espacio para entender el papel fundamental de la política en el procesos del desarrollo:**

- Como las proposiciones en torno a las estructuras y los agentes de poder donde convergen el alineamiento entre los intereses del Estado y las necesidades institucionales que el desarrollo requiere.
- Cuando esos intereses coinciden, el desarrollo puede iniciar y proseguir su marcha . Cuando no es así, las sociedades se desvían de las trayectorias que definen el propio desarrollo.

41

Aunque estos rasgos distancian al neoinstitucionalismo del enfoque estructuralista centrado en los derechos, es la ubicación del poder político como artífice de los arreglos institucionales a favor o en contra del desarrollo, la que marca la diferencia sustancial (Millán, 2012). De ella derivan la visión del rol del Estado en el desarrollo y de la forma de tratar una preocupación común: La heterogeneidad.

Para abordar el tema de la forma en que la heterogeneidad social afecta la relación entre instituciones y desarrollo, Millán organiza estas líneas exponiendo los fundamentos de las relaciones entre las instituciones y desarrollo, donde se vale del modelo de David Ricardo como guía de la teoría seminal, a fin de extraer los fundamentos institucionales que podrían derivarse del primer modelo que sistemáticamente aborda el problema del desarrollo, donde determina tres razones trascendentales:

- Los neoinstitucionalistas han insistido que ha sido la economía neoclásica la que ha olvidado los supuestos institucionales que se esconden tras el funcionamiento de los mercados y la conducta de los agentes económicos, mientras la escuela clásica siempre los tuvo presentes.
- El modelo de Ricardo, así como el de Smith; apunta directamente hacia el desarrollo. Es la explicación de la "riqueza de las naciones" la que le da sentido y organiza las teorías subordinadas de corto plazo (valor y distribución), mientras que otros modelos de crecimiento más recientes y probablemente más elaborados como los keynesianos de Harrod y Domar y el neoclásico de Solow, son derivaciones de una teoría enfocada a explicar fenómenos de corto plazo. La diferencia no sería de importancia si no abriera espacios para sospechas de incoherencia entre las dos dimensiones del análisis.
- La inclusión de las clases sociales en la reflexión teórica representa un puente más sólido entre instituciones y desarrollo, en la medida en que posibilita visualizar no sólo la conducta de los agentes, sino también la interacción entre los mismos, regidas por marcos institucionales determinados

En este sentido, el pensamiento neoinstitucionalista aporta un acento importante en la teoría del desarrollo como son los derechos de propiedad, el comportamiento oportunista y el papel de la ideología. Sin embargo, se puede encontrar la aportación, que sólo esta insinuada en esta visión;

una explicación mecánica de los cambio ideológicos. North dejó planteada la noción de esas mutaciones, como también las correspondientes a los arreglos institucionales, están determinadas por variaciones en el periodo de la ideología. Mantener una ideología que contraviene las convenciones puede resultar caro, en virtud de los costos asociados a actos punitivos o al rechazo hacia quien se sostiene. El neoinstitucionalismo contribuye con la guía al señalar hacia los precios relativos; pero no explica cuál es el mecanismo de tránsito entre una visión incipiente y rechazada y otra dominante.

Al reflejar la racionalidad y permitir que ésta sobresalga en todas las esferas de la conducta humana, las instituciones ideales se instalan como estructuradas de los incentivos que conducen al crecimiento económico y la democracia, al permitir la libre prosecución del interés propio, la protección de las libertades y el control del poder político. De esta forma, la modernidad se perfila como un modelo histórico que conduce a un mayor bienestar y a un proceso de autonomía de los individuos. Éste es el modelo que arropa tanto la economía clásica y neoclásica como el esquema cívico que respalda las democracias occidentales. A su amparo se desarrollan un conjunto de instituciones que tienen en común un aspecto no explicitado por el pensamiento neoinstitucionalista, la homogeneidad social.

Al explicar la forma en la que operan las relaciones entre instituciones y desarrollo en sociedades heterogéneas, se muestra la distancia permanente entre reglas formales e informales que prevalece en sociedades con múltiples actores sociales, cuyos equilibrios terminan por inhibir o distorsionar tanto el desarrollo como la democracia. Como ha demostrado Berlin (1986), prácticamente desde sus inicios, la modernidad ha suscitado reacciones que, al resaltar la influencia de las costumbres, la cultura y la historia, pretenden demostrar que no existe un individuo homogéneo, sino identidades culturales diversas que configuran la verdadera esencia del ser humano, en la medida en que éste no puede ser concebido como una entidad completamente autónoma de sus entorno social. Por esa línea corrió el pensamiento de Montesquieu, de Vico y de los historiadores alemanes.

Cuando esto sucede, las dificultades para que funcionen instituciones "correctas" y favorables al desarrollo son mayores; pero también para que se estreche la distancia entre las formales y las informales. La consecuencia práctica más conspicua reside en la política de desarrollo: en la medida en que sus instrumentos operan generalmente en el ámbito formal, la tarea de desplazar a una sociedad desde la senda del subdesarrollo hacia la del desarrollo puede encarar obstáculos enormes, en virtud de que en sociedades heterogéneas, la informalidad de las normas es una aspecto incrustado en sus estructuras no sólo sociales y culturales, sino también políticas, porque además de posibilitar la convivencia entre actores heterogéneos, cumple la función de generar estabilidad política, coordinación social y equilibrios entre esos agentes.

En este sentido, es importante diferenciar entre la modernización y la modernidad, donde comparten la primicia de la racionalidad como centro ordenador. Pero mientras la primera la instrumenta para generar progreso, la segunda constituye en norma que inspira y guía la liberación (Berman, 2008; Salles, 2000; Millán, 2012). Por tanto, la modernización trastoca fundamentalmente las condiciones de la vida social y material, mientras que la modernidad no se conforma con estas alteraciones y pretende ir más allá, al ubicarse en sinuoso campo de la subjetividad (Millán, 2012). Las relaciones entre ambas pueden sintetizarse así:

*"Puede haber modernización sin modernidad. Pero no puede haber modernidad sin modernización. En este sentido mi criterio del enfoque de clasificación apela a actores sociales que asumen o resisten la modernidad como proyecto emancipador porque solo en los modernos es posible encontrar una simbiosis entre modernidad, modernización y democracia. Por tanto, y solo en forma de tipo ideal, es en los actores modernos en los que el crecimiento se transforma en un instrumento al servicio de un proyecto más amplio: el desarrollo, entendido a la manera de Sen: la capacidad de los individuos para escoger un tipo de "funcionamiento" que conduce a una vida que consideran digna de ser vivida."* [19]

Ningún actor social presenta características exclusivamente modernas, premodernas o posmodernas. Nuestras identidades suelen ser diversas y determinadas por el contexto y las necesidades sociales que afrontamos. Sin embargo, los "tipos ideales" de Weber nos ayudan a capturar la esencia de los actores, que los define como tales, así como su lógica de comportamiento ante los problemas del desarrollo. Ésa es la función analítica de los modelos. Por tal razón, se define a las sociedades heterogéneas como aquellas que coexisten, al lado de los posmodernos. En este sentido, la heterogeneidad social implica condiciones: la existencia de lógicas premodernas y su coexistencia con otras de índole distinta. El propósito de la primera condición es introducir de

---

[19] Henio Millán, Política y desarrollo. Instituciones en sociedades heterogéneas, 2012, El Colegio Mexiquense A.C., Zinacantepec, México.

manera explícita el papel que juega la extracción de rentas en el desarrollo de esas sociedades, mientras que la segunda responde a la necesidad de capturar la esencia de la heterogeneidad desde la perspectiva que se propone, así como incorporar las circunstancias sociales que posibilitan el comportamiento oportunista. De esta forma, se abre el espacio para las dos preocupaciones centrales del neoinstitucionalismo económico: Rentas y Oportunismo.

Para el planteamiento del modelo es necesario describir el perfil de cada uno de los actores sociales y se extrae una definición que permita diseñar una variable operativa que los identifique. La descripción incluye los primeros cuatro tipos ideales:

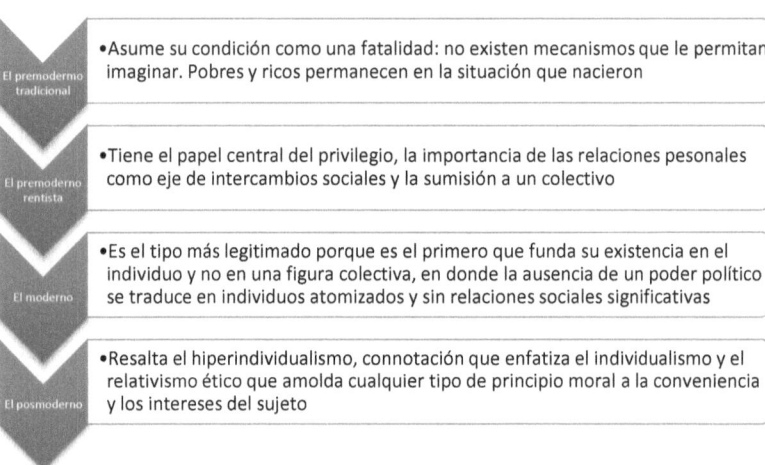

El premoderno tradicional
• Asume su condición como una fatalidad: no existen mecanismos que le permitan imaginar. Pobres y ricos permanecen en la situación que nacieron

El premoderno rentista
• Tiene el papel central del privilegio, la importancia de las relaciones pesonales como eje de intercambios sociales y la sumisión a un colectivo

El moderno
• Es el tipo más legitimado porque es el primero que funda su existencia en el individuo y no en una figura colectiva, en donde la ausencia de un poder político se traduce en individuos atomizados y sin relaciones sociales significativas

El posmoderno
• Resalta el hiperindividualismo, connotación que enfatiza el individualismo y el relativismo ético que amolda cualquier tipo de principio moral a la conveniencia y los intereses del sujeto

Pero lo más significativo es que, aun cuando la resistencia premoderna tradicional se manifiesta sin injerencia de los más conspicuos agentes rentistas, esos movimientos acababan invariablemente por provocar el surgimiento de un nuevo tipo de agente rentista: el intermediario. Se trataba del encargado de mediar entre actores tradicionales y el poder económico y político. Este personaje acaba por hacer de esa intermediación una profesión que le permite extraer rentas de ambos bandos, y, muy frecuentemente, por incrustarse en las esferas de la política, amparado en su liderazgo social. Son agentes que institucionalizan, en el terreno informal, un comportamiento oportunista también abusivo: explotan "la excepcionalidad" de la ley, un privilegio, ya sea por las relaciones personales que desarrollen con el poder, o porque actúan como jugadores con veto (Tsebelis, 2002) cuando se ligan a cualquier contingente labrado por el marco institucional "protector" y transmitido hacia el futuro por la trayectoria de la dependencia, este núcleo social es percibido como estructuralmente débil, precisamente por el abuso que ha exhibido la iniciativa individual modernizadora cuando se le deja operar libremente. Es decir, evocan la indefensión del premoderno tradicional, aun cuando en la sociedad moderna, este tipo constituya una parte muy reducida del componente social, y aunque la mayoría de los movimientos sociales tengan muy poco que ver con él.

El punto importante es que los actores rentistas acaban "refuncionalizando" los mecanismos institucionales de protección con el objetivo de extraer rentas; al hacerlo, socavan las instituciones liberales que propician la acumulación, incluidas las que dan vida a un Estado fuerte. Los actores modernos reaccionan frente a este tipo de abusos. De esta forma, un aspecto central de las relaciones entre instituciones y desarrollo es el comportamiento oportunista que activa un movimiento pendular entre instituciones de *protección* e instituciones de *acumulación,* que tienen en común el abuso. Por eso, no es casual que el neoliberalismo de América Latina haya nacido como una reacción contra Estado burocrático y el corporativista, y no sólo con el afán por promover la libre iniciativa individual (acumulación), ni tampoco que resurjan arropadas en la protección de los derechos sociales ante el abuso contra el factor trabajo y las pequeñas empresas que acarreó la política neoliberal. Ese péndulo no refleja otra cosa que la legitimidad que tienen ambas institucionalidades: la liberal y la conservadora, la legitimidad de ambas institucionalidades está en la heterogeneidad social, lo que provoca una legitimidad dual.

Es esta legitimidad, que ampara tanto a las instituciones modernas como a las premodernas, la que conduce frecuentemente a equilibrios inestables en las sociedades heterogéneas. La inestabilidad la imprime un tipo de comportamiento oportunista que aprovecha la memoria reciente del abuso de un polo institucional para desplegar un oportunismo, igualmente abusivo, en el polo contrario. Sin embargo, no siempre es así, se pueden exhibir periodos en los que el equilibrio ha sido estable, se presentan cuando el Estado y su capacidad para lidiar de forma balanceada y dinámicamente con la heterogeneidad social, alinean grandes intereses nacionales junto con la clase política, concentran el poder, construyen y consolidad el Estado con sus intereses particulares, y para hacerlo deben armonizar las lógicas entre los actores sociales mediante

46

procesos permanentes de negociación y la inclusión de reglas informales, que generalmente cobran forma de facultades metaconstitucionales.

Los rasgos estructurales comunes no deben buscarse en la economía, sino en la política: autoritarismo, capacidad arbitral, uso discrecional de la ley y capacidad para coordinar a actores sociales diferentes que alimentan y dan sentido a la heterogeneidad social. Esos rasgos comunes permitieron gestar equilibrios estables. Sin embargo, también existe otro elemento que acaba por desbalancear esos equilibrios: el abuso del arreglo institucional.

En una economía desintegrada como la mexicana, la expansión productiva depende crucialmente de la importación de bienes de capital y, por ello, de la disponibilidad de divisas. Durante un tiempo, la industrialización sustitutiva pudo satisfacer esta demanda de moneda extranjera mediante la exportación de productos de origen agropecuario; cuando el campo comenzó a deteriorarse, esa función la cumplió el turismo y después, el endeudamiento externo. Conceptualmente, el dinamismo de los arreglos institucionales que propician los equilibrios estables denuncia que éstos siguen trayectorias, determinadas por el pasado, como se desprende del *path dependence*, que demandan ajustes discontinuos y delicados, si se aspira a continuar por la senda del crecimiento y del desarrollo. Éstos solo puede hacerlos el Estado, y de ahí la justificación plena de su intervención en la economía, pero sobre todo en la esfera política.

Si lo anterior es cierto, una intervención estatal favorable al desarrollo no sólo entraña la alineación entre las instituciones que promueven los intereses de las estructuras de poder y las que fomentan el desarrollo, como pretende el institucionalismo económico; además, las sociedades heterogéneas precisan de cualidades personales de los gobernantes como son: sabiduría y habilidad política para tomarle el pulso a los actores sociales y para emprender los ajustes necesarios a los arreglos institucionales originales. Factor que no ha sido considerado en esta escuela de pensamiento. En este tipo de sociedades, su ausencia puede ser considerada como otra de las fallas de Estado, que agravan las fallas de mercado. Para aclarar el funcionamiento de ambos tipos de fallas, el modelo argumenta: el de la tragedia de los comunes.

Donde demuestra que la solución más socorrida es la intervención estatal, es decir la respuesta hobbesiana. Se asume que para incitar a la cooperación, el Estado decide imponer una multa a quien no coopere. El resultado modifica el juego y su consecuencia. Ahora la intervención estatal ha conducido a la sociedad hacia el mejor escenario posible: el óptimo de Pareto. La sociedad coopera por temor a los efectos de las sanciones estatales sobre sus niveles de utilidad. Al hacerlo, se genera el máximo producto social que, dadas las restricciones que imponen la dotación de recursos y la tecnología, puede obtener la sociedad. En cualquier otra situación el producto resulta menor.

La lección parece obvia: sin la intervención estatal, las fallas del mercado conducen a un desperdicio social porque no existen mecanismos automáticos que conduzcan a equilibrios óptimos. Antes bien, sin la regulación del Estado, la búsqueda del propio interés invariablemente camina hacia un equilibrio empobrecedor, del cual no es posible salir sin la injerencia de factores externos o de cambios institucionales, y en el que no existe la cohesión social. Sin embargo, la solución hobbesiana descansa sobre un conjunto de supuestos que difícilmente apreciamos en los Estados modernos, especialmente en aquellos que regulan sociedades subdesarrolladas.

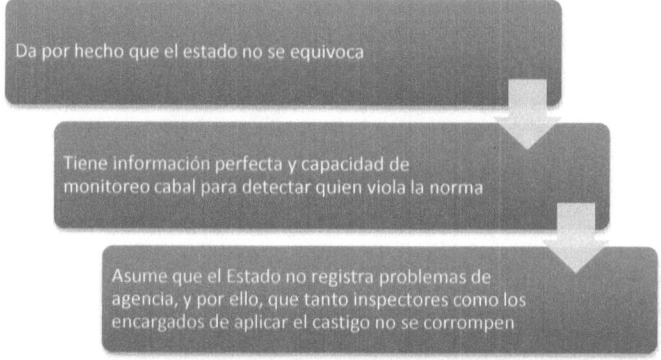

Si estos supuestos no se cumplen a cabalidad, falta la capacidad del estado para promover el bienestar social. Donde aplicando la teoría de juegos, se muestra la probabilidad de que el Estado se equivoque y que castigue a alguien inocente y por otro lado, supone la probabilidad de que un culpable no sea castigado, sea porque el delito pasa inadvertido o porque quien es capturado es capaz de corromper a la autoridad y quedar impune, en donde se cumple que las fallas de Estado pueden conducir a un panorama más desolador, la intervención del Estado no sólo no ha propiciado la cooperación, sino que los agentes pagan, en forma de impuestos, cantidades que reducen su bienestar, aun cuando se tome como referente la tragedia de los comunes, es decir el escenario en el que se deteriora por un abuso hacia los recursos naturales. Ahora el producto social es negativo lo que significa que la sociedad se endeuda o desacumula activos formados en periodos pasados, mismos que son transferidos al Estado. Éste opera como un depredador que obstaculiza el progreso económico y social y que, al mismo tiempo, no cumple con las funciones que de él esperan.

Es por esta razón, que Millán invoca por recuperar el papel del Estado en el desarrollo y que además debe ser tomado con cuidado. La tragedia de los comunes resalta la afirmación de North "Sin Estado no hay desarrollo", pero el principal obstáculo al desarrollo es, precisamente, el Estado (North, 1989). La situación original de este juego muestra cómo el mercado no conduce a través de sus mecanismos autorregulatorios al bienestar y que, por tanto, es necesaria la intervención estatal. Pero la solución hobbesiana reposa sobre un conjunto de supuestos que se resumen en la ausencia de las fallas de Estado. Si éstos no se cumplen, la intervención estatal puede conducir a equilibrios que, en lugar de solucionar problemas, los agravan y acarrean mermas considerables en el bienestar de la población. La intervención estatal es indispensable para encarrilar a la sociedad por el camino del desarrollo; pero no cualquier injerencia de este tipo la conduce por esta senda, por esto se precisa un conjunto de cualidades:[20]

---

[20] Henio Millán, Política y desarrollo. Instituciones en sociedades heterogéneas, 2012, El Colegio Mexiquense A.C., Zinacantepec, México.

Capacidad técnica

Capacidad de monitoreo

La solución de problemas de agencia

Bajos niveles de corrupción

Eficacia en la aplicación de la ley

Aun cuando esta aplicación esté sujeta a las decisiones discrecionales del Estado, la mecánica de operación del Estado en una sociedad heterogénea, obliga a que esos atributos sean débiles y a que esta debilidad arraigue como uno de sus principales rasgos estructurales e institucionales. Limitan, por tanto, sus alcances para que funcione de manera óptima. En este sentido, las capacidades del personal político cobran especial importancia en la tarea de compensar, aunque de manera parcial, estas deficiencias. Las sociedades homogéneas no escapan a este requerimiento, pero su necesidad es infinitamente inferior, en la medida en que la discrecionalidad de la ley, el arbitraje y el autoritarismo no integran la esencia de su funcionamiento, mientras que la democracia no exhibe déficit significativos que obstaculicen seriamente la gobernabilidad y la coordinación social. El dinamismo institucional operado por un Estado que se mueve entre la formalidad y la informalidad insinúa que los ajustes pueden ser reclamados por los propios arreglos institucionales cuando las reglas que los conforman comienzan a arrojar rendimientos decrecientes.

Las sociedades subdesarrolladas son heterogéneas, porque en ellas coexisten actores:

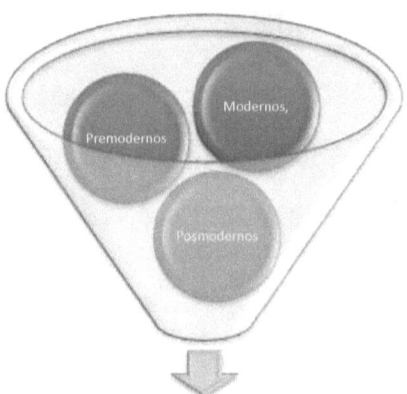

## Sociedad heterogénea

La historia nos advierte que, en un contexto de heterogeneidad social, es más difícil incorporar instituciones inclusivas o promotoras del desarrollo, porque la gobernabilidad implica abandonos crecientes de la ley y una administración negociada, esta heterogeneidad lleva a la necesidad de:

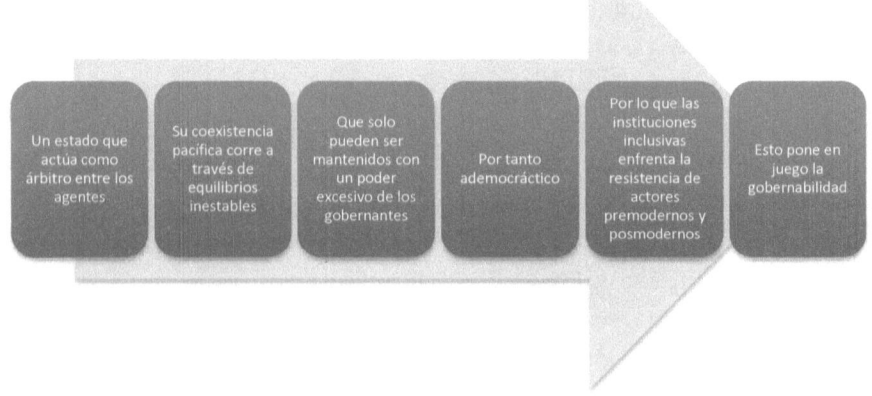

Por lo que un estado que actúa como árbitro entre los agentes, en virtud de que su coexistencia pacífica debe correr a través de equilibrios inestables, que solo pueden ser mantenidos mediante un poder excesivo, y por tanto ademocráctico de los gobernantes; la introducción de instituciones inclusivas enfrenta la resistencia de actores premodernos y posmodernos, lo que pone en juego siempre la gobernabilidad; por ello, es más difícil de lo que imaginan tanto North como Acemoglou y Robinson (Millán, 2013).

Bibliografía

Ackermann, J. (2004). Producción energética. *OCD*, 340-383.

Aguilar Villanueva, L. F. (2004). Recepción y desarrollo de la disciplina de Política Pública en México. Un estudio introductorio. *Sociológica*, 15-37.

America, L. (2013). *Contratos de Riesgo, el estandar global.* México: IPD.

Asafu Adjaye, J. (2000). The relationship between energy consumption, energy prices and economic growth: time series evidence. *Energy Economics*, 615-625.

Belausteguigoitia, J. C. (2013). México ante la revolución energética. *COMEXI*, 19-46.

Costanza, R. (1994). *Three general policies to achieve sustainability.* Washington D.C.: Island Press.

Giddens, A. (2009). *The politics of climate change.* Cambridge: Polity Press Ltd.

Gutierrez, P. (2013). *La nación asegura sus recursos.* México: COE.

Hammar, T. (2010). The case of CHP in Denmark. *OECD*, 50-82.

Hungler, F. (2010). *Cogeneración en México. Estado actual y perspectivas de aplicación.* México: Comisión Nacional para el uso eficiente de la energía.

IEA, CHP, & DHC. (2006). *Country Scorecard.* USA: IEA.

IMCO. (2012). *World Energy Outlook.* Chicago: IEA.

IMCO. (2013). *México ante la revolución energética del siglo XXI.* México: IMCO.

International, R. (2007). RETScreen. *Empowering Cleaner Energy Decisions* , 50-62.

Jaffe, M., & Stavins, K. (1994). Energy bridge. *Change Energy*, 51-67.

Lai, T. W. (1997). Goverment Expenditures and Economic Growth. *Journal of Economic Development*, 22 - 36.

Martínez, A. J., & Roca Jusment, J. (2001). *Economía Ecológica y Política Ambiental*. México: Fondo de Cultura Económica.

Mueller, N. (2006). Building Energy Analyzer. *Heidelberg University*, 143-168.

Mundial, B. (2013). *Consumo de energía eléctrica kWh per capita*. USA: Banco Mundial.

Neves, e. a. (2008). Multilevel energy. *OCD*, 20-32.

Outlook, I. E. (2009). *International Energy Outlook*. Chicago: EIA.

PEMEX. (2013). *Anuario estadístico 2012*. México: PEMEX.

Plan Nacional de Desarrollo, 2.-2. (2013). Reforma Energética. *Gobierno de la rep{ublica Mexicana*, 11-24.

SAGARPA. (2013). *Plan Nacional de Desarrollo 2013 - 2018*. México: Gobierno de la República Mexicana.

SENER, & PEMEX. (2012). *Prospectiva de Petróleo crudo 2012-2016*. México: PEMEX.

SENER, & SIE. (2013). *Importaciones de Gas Natural*. México: PEMEX.

Serrano, N. C. (1 de 11 de 2013). Mañana la gasolina costará $12.02 y el diesel $12.38. *El Universal*, pág. 20.

Shama, J. (1983). Paradoja energética. *Work Monthly*, 65-87.

Shyamal, P., & N., R. (2004). Causality between energy consumption and economic growth in India . *Energy Economics Volume 26*, 977-983.

Siddiqui, e. a. (2003). Evironmental Energy Technologies. *University of California Berkeley*, 23-46.

Sorel, e. a. (2000). Prespectivas en el estudio de barreras a la eficiencia energética. En e. a. Sorel, *Barreras a la eficiencia energética* (pág. 12). Chicago: OCD.

Soytas, U., & Sari, R. (2003). Energy consumption and GDP: causality relationship in countries and energing markets. *Energy Economics*, 33-37.

Wang, e. a. (2009). Analisys Multilevel. *Sustentability*, 34-51.

www.ingramcontent.com/pod-product-compliance
Lightning Source LLC
Chambersburg PA
CBHW021044180526
45163CB00005B/2281